新能源开发与利用丛书

分布式光伏电网变压器
设计、制造及应用

[美] 赫姆昌德拉·迈德苏丹（Hemchandra Madhusudan Shertukde） 著
陈文杰 刘明 陈世杰 黄亮 译

机 械 工 业 出 版 社

本书首先解释了太阳能行业中变压器的基本理论，然后从研发、制造和应用这三个方面详细地描述了分布式光伏（PV）电网变压器。其中，变压器将光伏电池板产生的直流电压升压至更高的电压等级，之后再由逆变电路将其转化为交流电的形式。

本书考虑了世界各地的实际工作场景并进行了案例研究，涵盖了太阳能行业中变压器的关键设计、操作规范和日常维护等多个方面。全书的主题包括孤岛效应、电压闪变、工作电压范围、频率和功率因数变化、波形失真。

本书非常适合光伏发电电气工程师、电力系统工程师、电力电子工程师参考阅读，也可作为高等院校电力系统、能源工程等专业学生的参考书。

译 者 序

随着社会的发展，电力电子技术也在不断地发展中。与之相关的电气工程、电子技术、自动化技术等也发生了快速的变化，给人们的生产和生活带来了巨大的影响。

目前，新的电力电子器件层出不穷，新的电路拓扑不断涌现，电力电子技术应用的范围也越来越广。电力电子技术已经造就了一个巨大的产业群，如果再考虑与电力电子技术相关的上游和下游产业，这个产业群就会更加庞大。

在追求低碳社会的今天，太阳能作为一种清洁的可再生能源，越来越受到各个国家的重视。本书所述的分布式光伏电网变压器，对如何能够合理地使用太阳能做了深入的研究。太阳能光伏发电主要分为离网型和并网型两种工作模式。过去，由于光伏电池的生产成本居高不下，光伏发电主要用于偏远的地区，且基本上都属于离网型。近些年来，光伏发电行业及其市场均发生了巨大的变化。开始由边远的农村地区向城市发展。可以说，太阳能正在从“补充能源”向“替代能源”过渡。

从技术方面看，相比于光伏离网发电系统，光伏并网发电技术更加复杂，涉及以逆变技术为核心的控制系统设计和优化等多种技术。分布式光伏电网变压器已经是世界范围内一个蓬勃发展的高新技术产业，从能源利用的国际发展趋势来看，分布式光伏电网变压器是未来光伏能源利用的必经之路。

本书的翻译工作主要由武汉理工大学黄亮教授组织并负责全书的统稿，研究生陈文杰、刘明、陈世杰参与本书有关章节的翻译，其中陈文杰和刘明负责第1~12章的翻译工作，陈世杰负责第13~17章的翻译工作。华中科技大学金莉博士负责全书英文校译。鉴于译者水平有限，欢迎读者提出宝贵意见。

译 者

原书前言

2008年秋，可替代能源的世界及其广泛的应用领域给了我动力，让我开始考虑写这本关于分布式光伏（DPV）电网变压器及其相关应用的著作。那一年，我们努力工作，尽力取得设于美国康涅狄格州哈特福德大学的美国能源部的授权，从而能够在康涅狄格州研究太阳能带来的经济价值。在动力系统和用于获取太阳能的电力变压器相关技术方面，作为主要研究者之一的我接受了解决这种变压器问题的挑战。

随后，我在2011年申请了第三个公休，并被授权完成这本书名为分布式光伏电网变压器的图书，这次写书的休假申请得到了泰勒弗朗西斯公司CRC出版社的大力支持。我很感激哈特福德大学准许我在2012年秋休假来完成这项艰巨任务，尤其是在太阳能变压器应用这个从未涉猎的领域。本书简洁有序地鸟瞰了分布式光伏电网变压器最突出的方面及其相关应用。

在教授的研究生涯里，不断地从与学生的相互交流中得到学习。其中，Jorge Kuljis总是激励我做到最好。附录A部分是我对于三柱铁心代码的一些修正与改进，这些改进是基于Jorge Kuljis在我指导下写出的工程硕士论文中关于五柱铁心的早期研究。

致　谢

我要向康涅狄格州哈特福德大学休假委员会表示诚挚的谢意，他们准许我在2012年秋休假来完成分布式光伏电网变压器这本书。此外，还要感谢建筑工程技术学院的Louis Manzione院长对这项艰巨而又富有挑战性的任务的支持，以及哈特福德大学电气与计算机工程学院的两位系主任Saeid Moslehpour和Provost Sharon Vasquez给予了我无可估量的帮助。

我非常感激泰勒弗朗西斯公司CRC出版社负责工程和环境科学类出版工作的Nora Konopka邀请我参与了这项工作。2012年2月我的右手受伤，随之而来的7月的手术也耽误了工作的进度，我非常感谢Nora Konopka对于此事的包容。若非此事耽搁，本书在一年前就已问世。然后我要向泰勒弗朗西斯公司CRC出版社的项目协调员Kathryn Everett表示诚挚的谢意，非常感谢他的支持。

我也要感谢我的朋友和美国电气电子工程师学会（IEEE）这个大家族给我的支持和鼓励，特别感谢印度理工学院的Aleksandr（“Sasha”）Levin等同学给予我的不懈的支持，并鼓励我在电力工程领域做到最好。

若没有家人的大力支持，这本书定将不会问世。我要向我的妻子Rekha致敬，在这项写书计划中，她一直在背后坚定地支持着我，正因为她的容忍和鼓励我才能完成这本书。

作者简介

美国电气电子工程师学会（IEEE）的 Hemchandra Madhusudan Shertukde（IEEE SM'92）1953 年 4 月 29 日出生于印度孟买，1975 年以本科生最高荣誉毕业于印度理工学院。他分别在 1985 年和 1989 年获得了康涅狄格大学电气工程专业的控制和系统工程方向的硕士学位和博士学位。自从 1995 年开始他就在哈特福德大学（康涅狄格州西哈特福德）工程、技术和建筑学院电子工程部任全职教授。2011 年秋，他在耶鲁大学工程与应用科学学院（康涅狄格州纽黑文）任高级讲师。他是两个商业化专利的主要发明者（美国专利号 6178386 和 7291111）。他在 IEEE 学报上发表了数篇期刊论文，并编写了两本关于变压器和目标追踪的图书。

目　录

第12章 与分布式光伏电网变压器的逆变电路协调 …… 87

第1章 引 言

1.1 分布式光伏电网变压器概述

近年来，油价的上涨促使科学家、工程师和经济学家们去寻找可替代能源。充足的太阳能用于生产可再生电能，可作为能源的补充，并最终成为能源生产、运输和传送的关键元素，为消费者提供同样的电力。

风能、太阳能、海洋波浪能在能量交换中已成为引人注目的参与者。如今，在维持可替代能源的所有工作中，最重要的是普及性，为了将这些能源有效地传输给终端用户，大量的研究和开发工作已聚焦在所需的辅助设备。

分布式光伏（Distributed PhotoVoltaic，DPV）电网变压器（Grid Transformer，GT）中的太阳能变换器的数量逐渐增加，这是因为行业的焦点最近都集中在可再生能源领域。这些变压器主要用作升压变压器，但也可用作降压变压器。以光伏太阳能为例，它是利用具有光伏效应的半导体将太阳辐射能转换成直流电，从而获得电能。光伏发电系统是利用由许多含有光伏材料的太阳电池组成的太阳电池板进行发电。

直流电经逆变器可变换为单相或三相交流电，将逆变器连接到分布式光伏电网变压器（DPV－GT），该DPV－GT连接到总线上，为负载供电。图1.1阐明了能量从太阳辐射能转换为可用电能的过程。

目前存在的各种行业标准解决了DPV－GT系统设计、操作和维护等方面的许多问题。如图1.2所示，将系统设计、操作和维护中需要考虑的关键点列举如下：

1）孤岛效应；

2）电压闪变；

3）电压工作范围；

4）频率变化；

5）波形畸变；

6）功率因数变化；

7）安全及保护功能；

8）谐波和波形畸变；

9）电能质量。

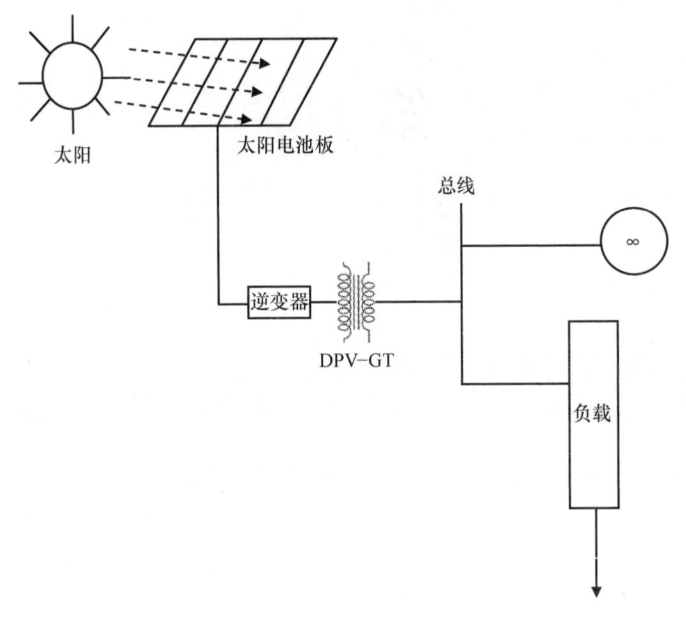

图 1.1 太阳电池板连接逆变器，逆变器再依次连接 DPV－GT、总线和负载

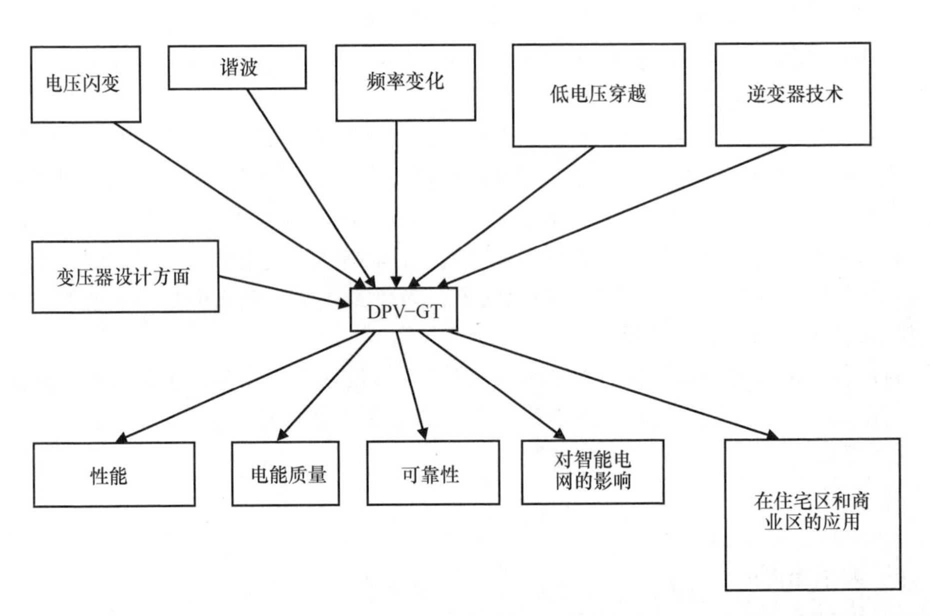

图 1.2 DPV－GT 在创造可替代太阳能源的应用以及优化性能的有效输出特性中，是一个研究热点

本书的写作目的是让制造商、设计者和用户注意到诸多突出的方面，并认识与其他特征相关的潜在差异，而这些特征包含了对此种变压器的整体理解。

1.2 电压闪变和变化[10]

太阳能变压器由逆变器控制其额定电压，工作电压恒定。因此，电压和负载波动得以大幅度减小。电压波动通常在额定电压的±5%范围内，根据经验，可将标准的设计注意事项应用到变压器绕组的设计中。IEEE 519－92标准中的表10-2[10]规定了功率变换器在电力系统临界点引入的可允许换相陷波深度的限值，通常与变压器的配置点重合。

变压器有载分接开关（LTC）的控制问题需要得到解决，其中有些LTC适用于电能的双向传输，但不是所有的LTC都适用。

1.3 谐波和波形畸变[10]

太阳能逆变器系统的典型谐波含量低于5%，这对系统几乎没有影响（正常工作条件下的阈值）。更低的谐波数据记录是因为没有发电机、开关和保护控制装置，例如风力发电机就具有这些特点。

C57.129[6]标准充分地描述了对系统设计者的要求，包括要求提供关于谐波含量与电流波形的信息，以及一个铁心柱上具有多个阀侧绕组的情况。

C57.129和C57.18.10标准所使用的千伏安特性的定义仅仅基于基本频率来设置，而在热运行试验中谐波含量所造成的附加损耗也应考虑在内。

IEEE 519－92规定了电力系统中谐波水平的允许范围。该标准中的表10-3根据短路系数和谐波阶次，设置了通用配电系统（120～69 000V）的电流畸变限值。

在DPV－GT有明显的谐波含量的情况下，请参考C57.110，这是IEEE推荐的做法，以在提供非正弦负载电流时确定变压器的容量。尽管在现有的逆变器实例中，DC－AC变换过程所产生的谐波已经到了最低限度，但是在客户规范中仍应明确说明谐波含量，这样变压器设计者就会考虑变压器冷却设计中谐波所带来的附加损耗。

1.4 频率变化[8]

频率变化仅来自于电网，所以在变压器的设计和制造中，预计与“标准”的电力变压器没有差别。

1.5 功率因数（PF）变化[8]

功率因数变化与“标准”功率因数实例无显著差异。注意C57.110标准（§5.3功率因数校正装置）。通常，为了降低成本，要在电力变压器系统中安装功率因数校正装置。需要注意的是，特定频率下，由于电路谐振，电流会被放大无数倍。而且，当电路中的电感值减小时，通常会造成系统中出现高次谐波的电流。在这些情况下所发生的谐波热效应可能对变压器和其他设备造成损害。即使提高了负载功率因数，但由于功率需求一直在增大，附加损耗也很可能会导致成本的增加。

1.6 与公众相关的安全和保护[8]

当（非分布式）光伏发电系统覆盖于住宅区和工业区时，与电力变压器相比，安全要求具有特殊性，特别是在住宅应用方面。

C57.129 标准指出，变压器的污染方面极其重要，应被准确定义，这样就可以提供适当的外部绝缘（尤其是套管）方法降低污染。

1.7 孤岛效应[8]

在这些情况下，当系统正常运行，但未连接到“高惯量短路容量”网络时，系统的稳定性可能会降低，并容易受频率的影响，但是预计与标准变压器相比没有显著差别。孤岛效应指的是当电网突然失压，分布式发电机继续为邻近部分线路供电的情况。以一个分布式太阳能装置为例，该设施具有将电力反馈到电网的太阳电池板；在停电的情况下，如果太阳电池板继续为分布式太阳能装置供电，那么在分布式太阳能电网系统中，太阳能装置就变成了一座“岛”，其电力被无动力分布式太阳能装置的“海”所包围。若不进行适当的监测和控制，这种情况对人类来说可能是危险的，有时甚至是致命的。

1.8 继电保护[8]

考虑到此类变压器在实际可替代能源与最终连接到该变压器之间的逆变器电路中运行，因此对 DPV - GT 继电保护的研究是极其重要的。该保护机制应同时考虑连接到电源侧的光伏发电机和逆变器以及电网侧的快速变化。在光伏发电系统中，太阳光照射到太阳电池板的辐射量受到云层以及该季节的日照时长的影响。

1.9 直流偏压[10]

C57.110 标准（§4.1.4 负载电流的直流分量）指出，负载电流谐波的产生是因为负载电流中伴随着直流分量。负载电流的直流分量将略微增加变压器铁心损耗，但将显著增大励磁电流，提高噪声分贝数。相对较小的直流分量［取决于额定电压下变压器励磁电流的方均根值（RMS）］不会影响到设计实例中变压器的承载能力。但是较高的负载电流直流分量将会对变压器的容量造成不利影响，在实际中应注意避免。

铁心结构（三相三柱式铁心、三相五柱式铁心或单相铁心）是决定多大的直流分量将引起铁心饱和的重要因素之一。变压器制造商在确定最终设计前，需要获得可能的直流偏置数据。铁心饱和度是一个值得关注的重要参数。由于直流偏置引起的磁心饱和工况下，电缆连接的垫片式变压器间可能存在铁磁谐振，变压器的非线性自感与系统中连接的其他电容（如电缆电容和逆变器的滤波电容）之间也可能发生谐振。

1.10 热循环（负载）[8]

在美国的大多数地理位置，当逆变器运行时，太阳能发电装置经历稳态加载。当太阳出来时，会有一个阻尼的反应过程，变压器的加载趋于恒定。整个过程由特定位置上的日照量来控制，而变压器的空载运行则完全由一组不同的参数控制。

太阳能发电系统一般在极其接近额定负载的情况下工作，而实际负载与额定负载间的差异非常小，所以变压器的运行不会受到不利影响，也不会出现铁心结构间绝缘配合的相关参数恶化的情况。一次绕组和二次绕组受到磁力影响是正常的，从而缓解了机械结构设计中可能出现的问题。

光伏发电系统中的变压器长期处于空载运行的状态，至少在晚上是空载运行。这将对客户所考虑的资本损失和变压器的设计产生影响。在光伏发电系统中蓄电池与变压器相互作用可以控制负载的一致性，并尽量减少这些已认识到的问题的出现。

当变压器或某些终端运行在额定容量以上时，C57.129 标准需要详细的热分析。考虑到谐波电流和直流偏置对阀侧绕组的影响［用于高压直流（HVDC）换流变压器］，标准电力变压器装载表不应用于荷载取值。

即使对热运行期间的谐波含量进行损耗校正，由于绕组中谐波电流的分布性质以及谐波在热运行期间的不同表现，热点温度也可能不能代表实际情况。高压直流换流变压器采用“超负载情况下的扩展负载运行”，见参考文献 CIGRE Joint Task Force 12/14.10－01（Electra，No. 155，1994 年 8 月，第 6～30 页）。

1.11 电能质量[8]

虽然本书的重点在于上面所列出的重要项目，但对于电能质量方面在本书的其他部分仍进行了广泛的讨论。最终传递到电网的电压中包含一些谐波，这些谐波会降低传递电能的正弦信号的波形质量。因此，在电能质量的研究中，滤波是一个很重要的方面。在提高电能质量的同时，也需要广泛研究电力电子设备的换相问题。

1.12 低电压故障穿越

太阳能发电系统对故障穿越尚未做明确的定义，这可能是因为开通和关断太阳能发电系统更容易。然而，随着智能电网技术的出现，低电压故障穿越这一概念已经初具雏形，并且目前已经做了大量的研究来减少这种情况的发生。这可能会影响连接到此类系统的设备寿命，特别是将交流电输送到电网的变压器。

1.13 能量存储[8]

能量存储的影响取决于 DPV－GT 在特定地理环境中所服务的系统类型。目前，已经设计了几种利用超级大电容、大电池等来存储电能的方案，但是这些方案的应用都具有一定的局限性，并且需要根据产生和传输的电力的最终目标，来决定将要开发电力存储系统的具体方案。

1.14 瞬变电压和绝缘配合[6]

对于太阳能变压器，需要进行升压，但是不会出现与空载发电机引起的过电压相关的问题。逆变器将来自光伏阵列的直流输入，转换为交流输出，实现平滑的过渡，并且空载电路不会引起过电压。在此应用中所有的通用装置在各自的系统里都应该充分考虑过电压情况，并通过在逆变器配置电路中提供自动增益控制方案来进行解决。

C57.129 标准为换流变压器的绝缘测试水平给出了具体的建议，类似建议的制定适用于绝缘测试水平和相关程序，以保证变压器在光伏应用中的可靠性。在这种 DPV 电网应用中，相关配电变压器的铁心线圈的典型绝缘配置如图 1.3 所示。

1.15 励磁涌流[8]

当电路从断开状态突然闭合，变压器会产生一个很大的浪涌电流，浪涌电流通常是额定电流的几倍。浪涌电流的大小与变压器设计中的各种因素有关。当在变压器的低压侧通电时，浪涌电流通常比额定电流的几倍还要大。这是由于低压侧绕组通常是最靠近铁心的绕组，因而具有更小的空心电抗。

因为浪涌电流是额定电流的几倍，所以每次浪涌电流的产生都会在变压器内产生机械应力。应避免在断电状态中频繁通电，因为那样会以超过正常的速度对变压器造成很大的磨损。因为操作人员会考虑在夜间关闭变压器以节省能量，所以这一点可能也是DPV升压变压器的一个考虑因素，这种做法会缩短变压器的预期寿命。

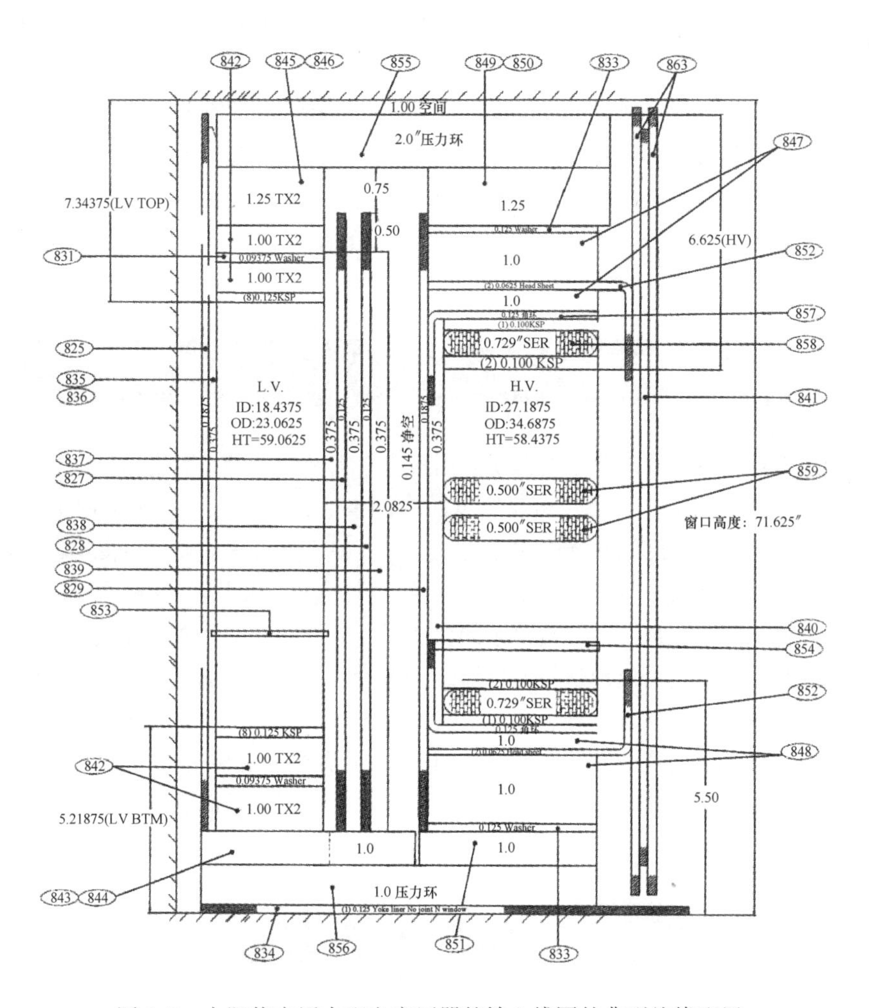

图 1.3 太阳能应用中配电变压器的铁心线圈的典型绝缘配置

1.16 涡流和杂散损耗[7]

每个变压器中都存在涡流和杂散损耗，主要来源于60Hz基频电流。这些损耗分量随着频率二次方和涡流大小二次方的增大而增大。如果逆变器向升压变压器馈电功率的谐波超过标准等级，此时杂散损耗和涡流损耗将会增加。负载损耗的增加对效率的影响通常不在考虑之中，而需要更加注意的是，绕组中热点温度的升高以及金属部件中的热点将会降低变压器的寿命。基于特殊设计的变压器可以补偿更大的涡流损耗和杂散损耗。此外，也可选择一个比正常所需的 kVA 等级容量更大的变压器来补偿更高的工作温度引起的损耗。由于谐波含量少于 1%，前文提到的这些关于涡流损耗的担忧通常都能得到减轻。

C57.129 标准中，用户需要清楚地指明用于评估负载损耗所采用的方法，此方法中的谐波频谱也需进行清楚的定义。该谐波频谱可能与温升试验中所规定的不一样，因为后者代表最恶劣的工作条件。在测量的正弦负载损耗中加入谐波校正，作为温升试验中适当总损耗计算的一部分。标准中描述了确定总负载损耗的过程。附录 A 给出了确定损耗调整因子的方法。

1.17 设计考虑因素：内部/外部绕组[6]

绕组的设计考虑因素取决于前文所列出条目中提及的问题，而满足特殊需求的设计因素则取决于结构制造商、kVA 容量、电压等因素。因为逆变器技术限制了逆变器的尺寸，所以每个光伏电站都可能有多个逆变器。有些用户会考虑在一台变压器中设置多个低压绕组，并且将每个低压绕组都连接到逆变器。而诸如阻抗和短路之类的设计考虑将导致多个低压绕组形成一个非常复杂的变压器。额外的复杂性将增加成本，并降低变压器的实用性。建议尽可能地保持变压器结构简单，使其可以批量生产，并可以由尽可能多的制造商来生产制造。

在许多情况下，逆变器电路中 kVA 的上限促使有些设计将低压绕组合并在高压绕组的外部。这使得电路连接更容易，便于电路并联，为所考虑的变压器实现更高的 kVA 容量等级。同时，这也有助于减轻由于结构限制等所引起的一些问题。

1.18 特殊测试的考虑[6]

考虑以下标准：C57.129，“超负载情况下的扩展负载运行”；“其他功率测试概念和方法”；“与电压源换流器一起使用的变压器的特性”。除了进行测试，也推荐进行设计审查。这些变压器属于特殊类型，其测试条件要严格得多。例如，IEEE 建议局部放电水平要远高于个别终端用户提出的某些要求。标准电气间隙可能无法满足新终端用户的要求，因此在设计这种类型的变压器时，需要设计更高等级的预防措施。

1.19 特殊设计考虑

太阳能发电系统利用逆变器将直流转换为交流。迄今为止，实际使用中最大的逆变器容量约为500kVA，设计人员通过将两个逆变器连接的绕组放置在一个变压器中来构建1000kVA变压器。若采用这种方式，变压器就必须具有两个单独的绕组以接受完全独立的输入。设计中要考虑的问题也源于将直流转换为交流的远距离运行电缆。

1.20 其他

光伏应用中变压器的连接标准是什么？有些人表示可以使用特殊的三绕组配置，其中二次绕组由以特殊方式连接的双绕组组成，以应对DPV－GT中发生的极端电压变化。

屏蔽要求包括静电屏蔽、保护屏蔽和谐波滤波屏蔽。

逆变器技术是一种电力电子技术，其发展缓慢。当太阳能技术发展到可再生能源领域的风电场水平时，这种相对劣势是否会成为致命的阻碍，还有待观察。

太阳能发电站的规模受逆变器技术的限制，目前逆变器最大只能到500kVA左右，这意味着几乎所有的太阳能设备都是使用成对的500kVA逆变器来驱动变压器并产生约1000kVA的功率。通过在一个变压器箱中增加更多的逆变器来提高功率等级是非常困难的，因为这样所需的变压器箱的容量要求很复杂，并且还要考虑到将直流转换成交流的运行布线的实用性。

DPV－GT的核心需求如下：

- 热量管理：由于线圈的不均匀冷却所产生的热量会造成热点，从而导致变压器的过早损坏。
- 低谐波含量和电网扰动。
- 能够承受恶劣的天气条件、温度、地震等级等。

如有需要，DPV－GT的设计和构造需要满足并高于地震标准。有时DPV－GT规定安装在最高发地震带。此外，它们还能够包含多种流体，包括封闭式应用所需的较少易燃性流体。

DPV升压变压器是专为偏远地区的太阳能应用而设计的，它能提供可靠的服务，以及先进的故障生存能力。

1.21 总结

DPV－GT太阳能变换器升压变压器设计独特，能将太阳能发电站连接到有大型太阳能发电装置的电网。在电压等级和功率等级上，其发电能力正在缓慢增加。例如，现如今，太阳能发电站电压等级已达到69kV，容量则高达10MVA。

升压变压器是为太阳能产业所设计的工程解决方案，具有可靠、高效的特点，并且具有必要的灵活性。在逆变器驱动的变压器中经常出现非正弦谐波频率，DPV－GT设计用于与此相关的附加载荷，而且这种变压器将考虑使用多个绕组系统，以减少成本，最小化变压器的占地面积，并提供所需的功能。在此应用中也可以考虑使用壳式变压器。

太阳能发电站的占空比可能不像风电场那么严格，但是太阳能发电站有其影响变压器设计的特殊考虑之处。致力于太阳能研究的人员需要注意到这些特殊的需求，以确保太阳能装置具有成本效益和可靠性。

参考文献

1. Considerations for power transformers applied in distributed photovoltaic (DPV)-grid application, DPV-grid transformer task force members, Power Transformers Subcommittee, IEEE-TC, Hemchandra M. Shertukde, Chair, Mathieu Sauzay, Vice Chair, Aleksandr Levin, Secretary, Enrique Betancourt, C. J. Kalra, Sanjib K. Som, Jane Verner, Subhash Tuli, Kiran Vedante, Steve Schroeder, Bill Chu, white paper in preparation for final presentation at the IEEE-TC conference in San Diego, CA, April 10–14, 2011.
2. C57.91: IEEE guide for loading mineral-oil-immersed transformers, 1995, Correction 1-2002.
3. C57.18.10a: IEEE standard practices requirements for semiconductor power rectifier transformers, 1998, amended in 2008.
4. C57.110: IEEE recommended practice for establishing liquid-filled and dry-type power and distribution transformer capability when supplying non-sinusoidal load current, 2008.
5. C57.116: IEEE guide for transformers directly connected to generators, 1989.
6. C57.129: IEEE standard for general requirements and test code for oil-immersed HVDC convertor transformer, 1999 (2007, approved).
7. Standard 1547.4: Draft guide for design, operation and integration of distributed resource island systems with electric power system (only 1547.1 is there), 2005.
8. UL 1741: A safety standard for distributed generation, 2004.
9. Buckmaster, David, Hopkinson, Phil, Shertukde, Hemchandra, Transformers used with alternative energy sources—Wind and solar, Technical presentation, April 11, 2011.
10. Standard 519: Recommended practices and requirements for harmonic control in electrical power systems, 1992.
11. IEEE P1433: A standard glossary of power quality terminology, 1999.
12. DISPOWER project (Contract No. ENK5-CT-2001-00522), Identification of general safety problems, definition of test procedures and design-measures for protection, 2004.
13. DISPOWER project (Contract No. ENK5-CT-2001-00522), Summary report on impact of power generators distributed in low voltage grid segments, 2005 (http://www.pvupscale.org).
14. IEA PVPS Task V, report IEA-PVPS T5-01: 1998, Utility aspects of grid connected photovoltaic power systems.
15. IEC 61000-3-2: 2005, EMC—Part 3-2: Limits—Limits for harmonic current

emissions equipment input current up to and including 16 A per phase.
16. IEEE 929: 2000, Recommended practice for utility interface of photovoltaic (PV) systems.
17. Engineering Recommendation G77/1: 2000, Connection of single-phase inverter connected photovoltaic (PV) generating equipment of up to 5 kW in parallel with a distribution network operators (DNO) distribution system.
18. IEC/TS 61000-3-4, EMC—Part 3-4: Limits—Limitation of emission of harmonic currents in low-voltage power supply systems for equipment with rated current greater than 16 A, October 30, 1998.
19. IEC/TR3 61000-3-6, EMC—Part 3-6: Limits—Assessment of emission limits for distorting loads in MV and HV power systems—Basic EMC publication, 1996-10.
20. Cobben, J. F., Heskes, P. J., Moor de H. H., Harmonic distortion in residential areas due to large scale PV implementation is predictable. *DER-Journal*, January 2005.
21. Cobben, J. F., Kling, W. L., Heskes, P. J., Oldenkamp, H., Predict the level of harmonic distortion due to dispersed generation, 18th International Conference on Electricity Distribution (CIRED), Turin, Italy, June 2005.
22. Cobben, J. F., Kling, W. L., Myrzik, J. M., Making and purpose of harmonic fingerprints, 19th International Conference on Electricity Distribution (CIRED), Vienna, Austria, May 2007.
23. Oldenkamp, H., De Jong, I., Heskes, P. J. M., Rooij, P. M., De Moor, H. H. C., Additional requirements for PV inverters necessary to maintain utility grid quality in case of high penetration of PV generators, 19th EC PVSEC, Paris, France, 2004, pp. 3133–3136.
24. Cobben, J. F. G., Power quality implications at the point of connection, Dissertation, University of Technology Eindhoven, 2007.
25. IEA-PVPS Task V, Report IEA-PVPS T5-2: 1999, Demonstration test results for grid interconnected photovoltaic power systems.
26. Halcrow Gilbert Associates, Department of Trade and Industry, Coordinated experimental research into power interaction with the supply network—Phase 1 (ETSU S/P2/00233/REP), 1999 (http://www.dti.gov.uk/publications).
27. UNIVERSOL project (Contract No. NNE5-293-2001), quality impact of the photovoltaic generator "Association Soleil-Marguerite" on the public distribution network, EDF-R&D, 2004.
28. IEC 61000-4-7: 2002, Electromagnetic compatibility (EMC)—Part 4-7: Testing and measurement techniques—General guide on harmonics and interharmonics measurements and instrumentation, for power supply systems and equipment connected thereto.
29. IEC 61000-2-12: 2003. Electromagnetic compatibility (EMC)—Part 2-12: Environment—compatibility levels for low-frequency conducted disturbances and signaling in public medium voltage power supply systems.
30. Hong, Soonwook, Zuercher–Martinson, Michael, Harmonics and noise in photovoltaic (PV) inverter and the mitigation strategies, white paper, Solectria, Lawrence, MA.
31. Harmonic analysis report, multiple loads, Allied Industrial Marketing, Cedarsburg, WI. September 2011.

第 2 章

分布式光伏电网变压器的使用

顾名思义，分布式光伏电网变压器（DPV - GT）主要用于传输通过光伏（PV）发电系统所获得的电能，其中，直流电（DC）由逆变器转换成交流电（AC）输出。最开始，这些电压和功率等级（高达 1kVA、1.1kV）的变压器仅适合于住宅区使用，而随着过去几十年的发展，变压器的功率和电压等级已经提高到现在的 10kVA、33kV，其适用性增强。在美国中东部和西部地区，这些应用已经扩展到工业园区和太阳能发电站，其中太阳能发电站规模已达到 69kV、35MVA，和在加利福尼亚州的情况一样。在亚利桑那州、科罗拉多州、俄勒冈州和内华达州，更多的太阳能发电站正在悄然兴起。太阳能发电站广泛应用于欧洲、亚洲和非洲。在欧洲，德国一直是这个领域的领头羊。而在亚洲，印度和中国已经开始利用太阳能，因此，在中小型等级范围内的变压器制造有所增加。

2.1 分布式光伏电网升压变压器

DPV - GT 太阳能升压变压器采用独特的设计，主要用于大型太阳能发电装置中，将太阳能发电站连接到电网。

升压变压器是为太阳能产业所设计的工程解决方案，具有可靠、高效的特点，并且具有必要的灵活性。在变频驱动的变压器中经常有非正弦谐波频率，DPV - GT 的设计用于与此相关的额外负载，而且这种变压器采用新型的多绕组系统，可降低变压器的成本，并能最大限度地减小变压器的占地面积。

DPV - GT 的设计和构造需要符合并高于地震标准，并且适用于安装在地震高发带。同时，DPV - GT 还能使用多种流体，包括封闭应用中所需的不易燃流体。DPV - GT 采用圆形绕组，将径向力均匀地分布在圆周上，并在整个线圈中具有冷却管道，以消除热点，避免引起变压器过早崩溃从而导致变压器故障。线圈端部采用重型 3 号钢作为支撑，压力板用以承受在故障状态下所存在的轴向力。这些力可能引起线圈的伸缩，并缩短变压器的寿命。

DPV - GT 的创新性设计包括：圆形线圈，具有重型夹紧功能的十字形斜接铁心，专有的压力板设计，以及优质的无载分接开关。DPV 电网升压变压器是专门为偏远地区太阳能行业而设计的，它能提供可靠的服务，以及先进的故障恢复能力。这些变压器具有多个绕组以迎合市场上可用的较低容量等级的逆变器。二次绕组通常采用单绕组或双绕组形式（见图 2.1）。

图 2.1　在太阳能逆变器型应用中所使用的典型电力变压器（由 Onyx Power 配电公司提供）

用户想知道如何将谐波含量考虑到变压器的容量等级的定义中。C57.129 和 C57.18.10 标准使用一种仅基于基波频率的定义，并提出在热运行测试期间将谐波所引起的附加损耗考虑在内的方法。

变压器是太阳能电力生产和分配的关键组成部分。历史上，变压器可对不可再生能源进行“升压”或者“降压”。太阳能电力变压器有多种不同的类型，包括配电型、电站型、变电站型、底座安装型和接地型。而所有的变压器因不同的专业需求决定成本的高低。

太阳能电力应用在逆变器运行状态下有一个稳态加载过程。当太阳出来时，存在一个阻尼的反应过程，同时变压器上的负载趋于更加恒定。

另外，在太阳能发电系统中尚未对故障穿越做任何定义，这可能是因为太阳能发电系统很容易实现快速的开通和关断，或者是由于监管规定没有跟上新兴技术的步伐。这在未来可能会有所改变，但是到目前为止还没有太阳能发电系统有这样的要求。

太阳能电力逆变器中典型的谐波含量低于 1%，对系统几乎没有影响。较低的谐波分布是因为太阳能发电系统中没有发电机、开关以及类似风力发电机上的保护控制装置。太阳能电力变压器的确需要升压功能。目前，逆变器将来自光伏阵列的直流输入转换为交流电压，实现平滑的过渡，同时不会在空载电路中引起过电压。因为太阳能电力变压器在稳定的电压下运行，其额定电压由逆变器控制，所以电压和负载波动比风力发电机中低得多。太阳能发电系统也以接近于额定负载运行。

太阳能发电系统也有其特殊的设计问题。单个逆变器的最大容量约为500kVA，设计人员通过将两个逆变器连接的绕组放置在一个箱子中来构建1000kVA的变压器，如图2.2a所示。其中变压器必须具备独立的绕组以接受完全独立的输入。而在后续工程中需要远距离电缆将直流电转换为交流电，其设计问题也随之而来。

a)

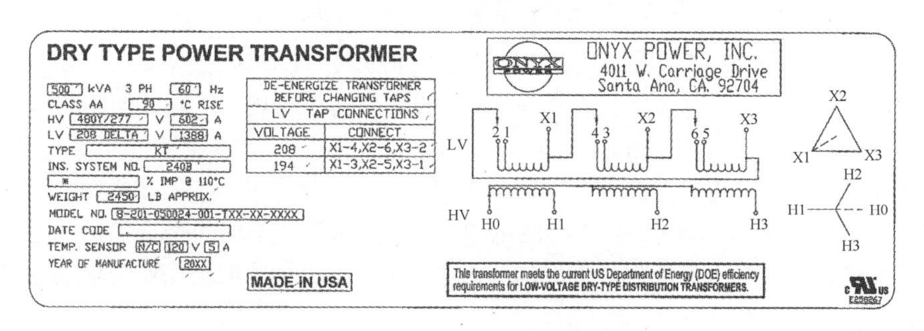

* 从这个系列的变压器测试数据中获取阻抗的百分比值

b)

图2.2　a）太阳能电力应用中使用的干式DPV－GT（玻璃纤维绝缘）（由Onyx Power配电公司提供）。注意主视图中的三角形/星形中性点接地配置的简单二次绕组配置。b）如图2.2a，太阳能电力应用中使用的干式DPV－GT（玻璃纤维绝缘）的铭牌细节（由Onyx Power配电公司提供）

该变压器的“特殊”之处在于，它的设计能满足99%的CEC效率（根据客户要求）。CEC效率合规是太阳能发电行业中对变压器的常见要求。图2.2b中的铭牌显示了这个太阳能变压器包括绕组连接在内的其他保证细节。

逆变器容量的限制也限制了太阳能发电系统的容量。通过在一个变压器箱中增加多个逆变器来增加容量是非常困难的。考虑到所需变压器箱的尺寸大小，以及将直流电转换成交流电的运行电缆，实际情况将会变得很复杂。这些单元部件容量已经增长到1MVA。

太阳能电力变压器设计的关键是了解每个系统中的变量。变压器需要根据每个共同运作的特定系统来进行特别的设计。到目前为止，逆变器技术进展缓慢，在太阳能发电技术发展到可再生能源领域的风电场水平时，这种相对劣势是否会成为致命的阻碍，还有待观察。

面对日益增长的全球能源需求，可靠和环保地使用自然能源是我们这个时代面临的最大挑战之一。除了风能和水能，太阳能也是我们人类最宝贵的资源，因为它无污染，呈二氧化碳友好型，并且取之不尽、用之不竭。为了使可再生能源成为世界各地的主要能源，每个人都应该致力于使它们像传统能源一样经济实惠。通过将可再生能源发电的创新性与智能电网和高压输电技术相结合，就能够实现节约成本和节能。一些像西门子这样的大公司在整个太阳能发电价值链中提供了经过实际验证的组件。这种变压器，无论是液体填充式变压器还是GEAFOL树脂浇注配电变压器或电力变压器，几十年来一直在世界各地使用。这种可靠并且成熟的技术，是为最先进的能源生产定制的。

2.2 太阳能电源解决方案中的变压器

2.2.1 光伏电站

光伏发电系统使用嵌在太阳电池板中的太阳电池来产生直流电。根据光伏电站的设计，将几个太阳电池板连接到整流器，将直流电转换成交流电。然后，配电变压器或静止换流变压器（GEAFOL或液浸）将能量传输至高达36kV中压等级，再经中等容量的变压器进一步升高至高电压等级。

2.2.2 聚光太阳能发电

聚光太阳能发电（CSP）使用透镜或平面镜将太阳光聚集在一个小点上。集中的热量驱动连接到发电机上的蒸汽轮机（热电学）。通常，蒸汽轮机产生的功率高于光伏发电，所以中等容量的变压器足以将CSP发电站连接到电网。

2.2.3 光伏配电变压器

光伏电站通过升压变压器连接到电网。因为光伏电站的运行环境非常严峻，所以这些变压器要能够承受高温以及恶劣的天气条件。在规划光伏电站时，设计的关键因素是这些变压器的容量等级，因为额定容量过大可能导致系统不稳定并带来经济损失，而额定容量太小则不能够充分利用该电站。光伏发电系统中的太阳能逆变器或光伏逆变器将太阳能模块产生的直流电转换为交流电，并将该电力馈送到电网中。变压器的特殊多绕组设计使得多个太阳电池板串能够通过少量的变压器连接到电网。具体分别如图2.3和图2.4所示。

图 2.3　许多变压器是垫式安装类型

图 2.4　在太阳能光伏电网应用中的干式 CSP 电力变压器
（由 Diagnostic Devices 公司提供）

2.3 聚光太阳能发电（CSP）变压器

CSP发电厂中的变压器通常为中型电力变压器。因为CSP通过驱动蒸汽轮机来发电，所以该变压器的占空比与传统发电厂中用于提高发电功率的常规任务非常接近。

2.4 中型变压器

太阳能发电站产生的电力必须传递到消费区域。因此，中型变压器通常将电压等级提高至110kV或220kV左右，以高效地传输能量。当容量等级高达200 MVA甚至更高时，其连接负载的方式有以下几种：采用卸载分接开关，有载分接开关，或两者结合使用，或者是在盖子下面或重新连接的拱顶中设置有重新连接的设备。具体来说，包括独立绕组变压器和自耦变压器，以及三相和单相设计。具体要求因设备和站点而异。这就是为什么当谈及电压、功率、气候对效率的影响，以及网络拓扑、噪声允许等级和其他因素时，几乎每个变压器都必须如指纹那样独一无二。

2.5 聚光光伏（CPV）系统变压器

在这些系统中，抛物面太阳电池板将太阳能集中到电池板的焦点处，从而提高了将太阳能转换为电能的效率。据报道，通过使用最大功率点跟踪（MPPT）技术，此类系统的效率已提升至41%，并在某些情况下达到65%。目前一场关于CPV和CSP系统之间的成功性以及效率方面的争论正在火热进行。而随着时间的推移，CPV系统看起来似乎更能给未来提供一个非常有益的系统。

最大功率点跟踪器是一种高效率的DC－DC变换器，在系统中作为光伏电池的最优电力负载，最常用于太阳电池板或阵列，并且将电力转换为某种适用性更强的电流或电压等级以驱动负载，无论该系统将要连接何种负载。光伏电池具有唯一的最大功率输出工作点，在该点处根据电池的电流（I）和电压（V）的值可得到最大输出功率。这些值都对应于特定的电阻，该电阻值与欧姆定律中的V/I相等。光伏电池的电流和电压具有指数关系，并且最大功率点（MPP）发生在曲线的拐点处，其中电阻等于微分电阻的负值（$V/I=-\mathrm{d}V/\mathrm{d}I$）。最大功率点跟踪器利用某种类型的控制和逻辑电路来找到该点，从而使变换电路能够从电池单元中获取最大功率。传统的太阳逆变器在整个太阳电池阵列中采用MPPT。在这种系统中，由逆变器规定的相同的电流将流经阵列中的所有面板。但是因为不同的太阳能面板具有不同的IV曲线（即不同的MPP）（由于制造差别、光线受到部分遮挡等），这种结构意味着其中的一些面板将在低于MPP的功率点运行，从而造成能量损失。

图2.5所示为典型的CPV系统，类似地，它也可以由包括DPV－GT在内的单线图

表示，如图 1.1 所示。与非聚光光伏系统相比，CPV 系统可以节省太阳电池的成本，因为其所需要的光伏材料面积相对少些，从而可以使用更昂贵而高效的串联太阳电池。与此同时，为了将阳光聚焦在较小的光伏面积上，CPV 系统需要在聚光光学器件（透镜或平面镜）、太阳能跟踪器和冷却系统上增加额外的成本。由于这些额外的成本，现如今 CPV 的使用普遍性远不如非聚光光伏系统。但是，如今正在进行的研究和开发将努力改进 CPV 技术并降低其成本。

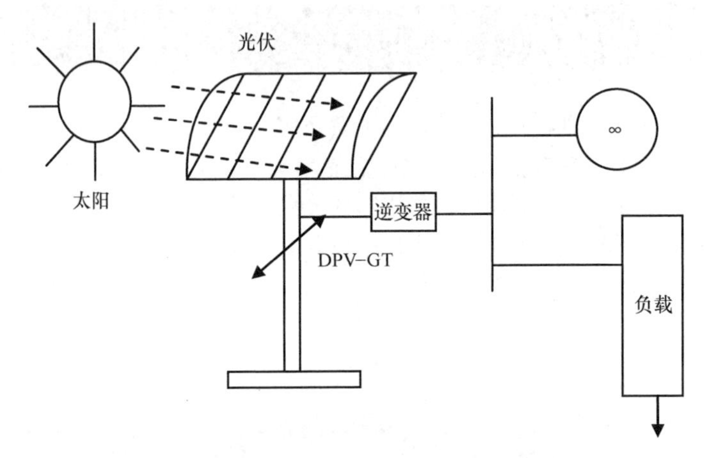

图 2.5 随着集中在镜子上的太阳光线的移动，
CPV 系统的太阳电池板在箭头的方向上进行旋转

参考文献

1. Basso, Thomas S., High-penetration, grid-connected photovoltaic technology codes and standards, 33rd IEEE Photovoltaic Specialists Conference, 2008, pp. 1–4.
2. Weidong, Yang, Xia, Zhou, Feng, Xue, Impacts of large scale and high voltage level photovoltaic penetration on the security and stability of power system, Asia-Pacific Power and Energy Engineering Conference, 2010, pp. 1–5.
3. Seo, H. C., Kim, C. H., Yoon, Y. M., Jung, C. S., Dynamics of grid-connected photovoltaic system at fault conditions, Asia and Pacific Transmission and Distribution Conference and Exposition, 2009, pp. 1–4.
4. Phuttapatimok, S., Sangswang, A., Seapan, M., Chenvidhya, D., Kirtikara, K., Evaluation of fault contribution in the presence of PV grid-connected systems, 33rd IEEE Photovoltaic Specialists Conference, 2008, pp. 1–5.
5. Dash, Prajna Paramita, Kazerani, Mehrdad, Study of islanding behavior of a grid connected photovoltaic system equipped with a feed-forward control scheme, 36th Annual Conference on IEEE Industrial Electronics Society, November 2010, pp. 3228–3234.

6. Wang, Li, Lin, Ying-Hao, Dynamic stability analyses of a photovoltaic array connected to a large utility grid, IEEE Power Engineering Society Winter Meeting, January 2000, vol. 1, pp. 476–480.
7. Rodriguez, C., Amaratunga, G. A. J., Dynamic stability of grid-connected photovoltaic systems, IEEE Power Engineering Society General Meeting, June 2004, pp. 2193–2199.
8. Wang, Li, Lin, Tzu-Ching, Dynamic stability and transient responses of multiple grid connected PV systems, IEEE/PES Transmission and Distribution Conference and Exposition, 2008, pp. 1–6.
9. Yazdani, Amirnaser Dash, Prajna Paramita, A control methodology and characterization of dynamics for a photovoltaic (PV) system interfaced with a distribution network, *IEEE Trans. on Power Delivery*, 2009, vol. 24, pp. 1538–1551.
10. Edrington, Chris S., Balathandayuthapani, Saritha, Cao, Jianwu, Analysis and control of a multi-string photovoltaic (PV) system interfaced with a utility grid, IEEE Power and Energy Society General Meeting, 2010, pp. 1–6.
11. Edrington, Chris S., Balathandayuthapani, Saritha, and Cao, Jianwu, Analysis of integrated storage and grid interfaced photovoltaic system via nine-switch three-level inverter, IECON 2010-36th Annual Conference on IEEE Industrial Electronics Society, November 2010, pp. 3258–3262.
12. Ito, T., Miyata, H., Taniguchi, M., Aihara, T., Uchiyama, N., Konishi, H., Harmonic current reduction control for grid-connected PV generation systems, International Power Electronics Conference, 2010, pp. 1695–1700.
13. Hojo, Masahide, Ohnishi, Tokuo, Adjustable harmonic mitigation for grid-connected photovoltaic system utilizing surplus capacity of utility interactive inverter, 37th IEEE Power Electronics Specialists Conference, 2006, pp. 1–6.
14. Hossein Hosseini, Seyed, Sarhangzadeh, Mitra, Sharifian, Mohammad B. B., Sedaghati, Farzad, Using PV in distribution network to supply local loads and power quality enhancement, International Conference on Electrical and Electronics Engineering, 2009, pp. 249–253.
15. Chen, Xiaogao, Fu, Qing, Wang, Donghai, Performance analysis of PV grid connected power conditioning system with UPS, 4th IEEE Conference on Industrial Electronics and Applications, 2009, pp. 2172–2176.
16. Li, Jing, Zhuo, Fang, Liu, Jinjun, Wang, Xianwei, Wen, Bo, Wang, Lin, Ni, Song, Study on unified control of grid-connected generation and harmonic compensation in dual-stage high-capacity PV system, IEEE Energy Conversion Congress and Exposition, 2009, pp. 3336–3342.
17. Chen, Xiaogao, Fu, Qing, Infield, David, Yu, Shijie, Modeling and control of Zsource grid-connected PV system with APF function, 44th International Universities Power Engineering Conference, 2009, pp. 1–5.
18. Li, Hongyu, Zhuo, Fang, Wang, Zhaoan, Lei, Wanjun, Wu, Longhui, A novel time-domain current-detection algorithm for shunt active power filters, *IEEE Trans. on Power Systems*, 2005, vol. 20, pp. 644–651.
19. Kim, Gyeong-Hun, Seo, Hyo-Rong, Jang, Seong-Jae, Park, Sang-Soo, Kim, Sang-Yong, Performance analysis of the anti-islanding function of a PV-AF system under multiple PV system connections, International Conference on Electrical Machines and Systems, 2009, pp. 1–5.
20. Bhattacharya, Indranil, Deng, Yuhang, Foo, Simon Y., Active filters for harmonics elimination in solar photovoltaic grid-connected and stand-alone systems, 2nd Asia Symposium on Quality Electronic Design, 2010, pp. 280–284.

21. Walker, Geoffrey R., Sernia, Paul C., Cascaded DC-DC converter connection of photovoltaic modules, IEEE Trans. on Power Electronics, July 2004, vol. 19, pp. 1130–1139.
22. Campbell, Ryan C., A circuit-based photovoltaic array model for power system studies, 39th North American Power Symposium, September 2007, pp. 97–101.
23. dSPACE Inc, dSPACE^{TM} 1103 V6.5 Manual, 2007.
24. Esram, Trishan, Chapman, Patrick L., Comparison of photovoltaic array maximum power point tracking techniques, IEEE Trans. on Energy Conversion, June 2007, vol. 22, pp. 439–449.
25. Xiao, Weidong, Ozog, Nathan, Dunford, William G., Topology study of photovoltaic interface for maximum power point tracking, IEEE Trans. on Industrial Electronics, June 2007, vol. 54, pp. 1696–1704.
26. Chung, Se-Kyo, A phase tracking system for three phase utility interface inverters, *IEEE Trans. on Power Electronics*, May 2000, vol. 15, pp. 431–438.
27. IEEE Standard 519-1992: IEEE recommended practices and requirements for harmonic control in electrical power systems, p. 78.

第3章 分布式光伏电网变压器的电压闪变和变化

IEEE519 标准明确规定了连接到电网的变压器中谐波控制的要求，这些规定有助于提高信号的质量。信号的强弱与几个 n 次谐波有关，这些谐波可能引起分布式光伏电网变压器（DPV - GT）终端电压额定值的变化。此外，连接在交流电网终端的负载可能有不一样的时间要求，如按照顾客的时间安排为他们的电动汽车充电。

通常，传统的太阳能发电系统所产生的电压值很低（DC 28V），由升压变压器以更高的电压（例如33kV）传输至负载点，在此负载点所使用的电压较低（如 AC 115V）。在某些情况下，这种能量传输与电网有关。传输点的供电电压浮动要求在额定值的±10%以内，而更严格的限制可能适用于地方乃至全国。配电系统中电压变化来源于负载的变化，例如时常发生在夜间温度下降或夏天温度升高时。可以通过使用在 MV 等级的自动负载分接开关来避免电压变化。如在负载点，通过使用无励磁分接开关，以额定电压 2.5% 的步长来改变负载，从而避免电压变化。

3.1 闪变

频率范围从 1 ~ 20Hz 的波动会引起轻微的闪变，从而可能影响依赖于恒定功率的电子设备。短期闪变值 P_{st} 根据预定义观察间隔来计算，长期闪变值 P_{lt} 则根据几次的 P_{st} 值计算其三次方平均数来得出。在标准 IEC61000 中，观测间隔以及 P_{st} 和 P_{lt} 的限定值规定如下：

1）电流的任何急剧变化都将导致电压的剧烈变化，例如发电机主断路器断开时，或是多云天气时。

2）在城市地区 120V 基地，闪变限制为 2V（2.5%），在乡村地区被限制为 5V（4.17%）。

3.2 电压波动

电压波动来源于负载电流的波动，而能导致电压波动的负载如熔炉、复印机和冰箱等。在输出功率中表现出快速波动特性的可再生能源（如风能、太阳能）也是电压波动的潜在来源。印度中央电力管理局（CEA）对电网连接做出规定，对于可能重复发生的因阶跃变化引起的电压波动，其极限为1.5%，对于阶跃变化之外的偶然性的电压波动，其最大限度为3%。

DPV－GT并网发电系统的输出随着太阳辐射强度的变化而波动，同时晴天或阴天云层的运动都会对发电产生影响。这可能导致太阳能功率流波动，并引起与之相关的电压波动。在聚光光伏配电系统中，这种电压波动要比由负载变化所引起的电压波动更为显著。密切监控这些变化至关重要，在某些特定情况下可以采样过电压/欠电压（OVP/UVP）和超频率/欠频率（OFP/UFP）方案来进行评估。DPV－GT并网发电系统需要具备OVP/UVP和/或OFP/UFP检测系统，当用户（负载）与电网的公共耦合点（PCC）处的电压频率或幅值超过规定的极限值时，检测系统将控制光伏逆变器，使其停止向DPV－GT和电网供电。这些措施可用作保护用电设备，也能作为防止孤岛效应的检测方法。OVP/UVP系统通过使用与盲区监测（NDZ）相结合的有源和无源方法，在决定何时断开或避免从电网断开（在第6章会进行详细描述）方面发挥着重要的作用，

现代光伏逆变器使用DPV－GT配置，具有多个二次绕组和多个逆变器，能够控制电气设施PCC处的电压和/或无功功率。逆变器采用电压/无功功率控制，光伏电站能够有效改善对馈线的电压控制。在某些情况下，它能够在严重的系统干扰情况中有效地避免发生电压崩溃。在这种监管和控制中，OVP/UVP通过监控和数据采集（SCADA）系统来发挥重要作用。

目前，光伏电站到变电站的距离，以及DPV－GT和光伏电路的穿透性，都对馈线性能起着关键的作用（见图3.1）。欧姆定律和负载种类（*RLC*）决定着这种运行模式。100%光伏峰值比率下，曲线几乎是线性的，而在其他比率下，曲线则是非线性的。

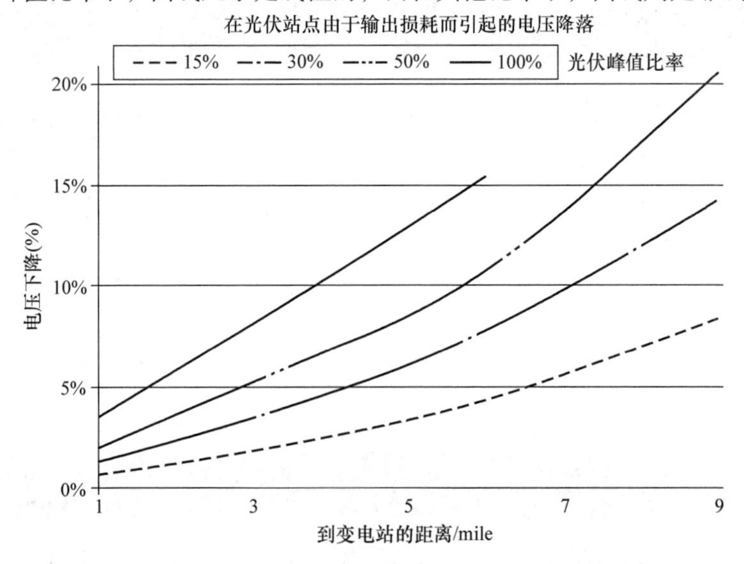

图3.1 电压下降的百分比与变电站到DPV－GT的距离有关

通过使用以高速绝缘栅双极型晶体管（IGBT）逆变器为基础的电压调节器，可以解决电压闪变的问题，该电压调节器通常作为并联电压调节器连接在电路中。基于逆变器的无功功率源几乎可以瞬时地调制欠电压电源，从而在电源阻抗上产生一个校正电压。此外，逆变器在每个周期内多次更新电流，以实现有效控制。因此，电压的细微变化，通常是指闪变，就能够引起明显的照明变化。使用 P_{st} 来衡量上述情况。$P_{st}=1$ 是在允许范围内，但是在人口聚居区，任何高于1的值都将引起用户的强烈不适，并且是不希望出现的状况。在最易受影响地区，频率为5Hz，$P_{st}=1$ 相当于电压上具有0.5%的变化。该IGBT方案通过管理无功功率来优化 P_{st} 值，从而也限制了对保护系统故障电流的影响。

参考文献

1. National Electrical Code (NEC) (NFPA 70-2005).
2. The Public Utilities Regulatory Act of 1978 (PURPA).
3. IEEE recommended practice for utility interface of photovoltaic (PV) systems (IEEE Standard 929-2000).
4. Underwriters Laboratories' (UL) testing standard UL 1741.
5. IEEE Standard 929.
6. IEEE Standard 1547.
7. Walton, S. J., Technical bulletin: Voltage regulation and flicker control using Vectek IGBT static VAR compensators, February 2005, Omniverter Inc., Ontario, Canada.
8. EN 50160:1999, Voltage characteristics of electricity supplied by public distribution systems.
9. DISPOWER project (Contract No. ENK5-CT-2001-00522), Appendix—Structure and data concerning electrical grids for Italy, Germany, Spain, UK and Poland, 2004.
10. IEA-PVPS Task V, report IEA-PVPS T5-10: 2002, Impacts of power penetration from photovoltaic power systems in distribution networks.
11. Cobben, J. F. G., Power quality implications at the point of connection, Dissertation University of Technology Eindhoven, 2007.
12. IEA-PVPS Task V, report IEA-PVPS T5-02: 1999, Demonstration test results for grid interconnected photovoltaic power systems.
13. IEA PVPS Task V, report IEA-PVPS T5-01: 1998, Utility aspects of grid connected photovoltaic power systems.
14. DISPOWER project (Contract No. ENK5-CT-2001-00522), Distributed generation on European islands and weak grids—Public report, 2005 (http://www.pvupscale.org).
15. EA Technology Ltd., Department of Trade and Industry, Methods to accommodate embedded generation without degrading network voltage regulation (ETSU K/EL/00230/REP), 2001.
16. EA Technology Ltd., Department of Trade and Industry, Likely changes to network design as a result of significant embedded generation (ETSU K/EL/00231/REP), 2001.
17. UMIST, ECONNECT, Department of Trade and Industry, Integration of operation of embedded generation and distribution networks (K/EL/00262/REP), 2002.
18. Halcrow Gilbert Associates Ltd., Department of Trade and Industry, Micro-

generation network connection (renewables) (K/EL/00281/00/00), 2003.
19. IPSA Power, Smith Rea Energy, Department of Trade and Industry, Technical solutions to enable generation growth (K/EL/00278/00/0), 2003 (http://www.dti.gov.uk/publications).
20. Halcrow Gilbert Associates Ltd., Department of Trade and Industry, Co-ordinated experimental research into power interaction with the supply network—Phase 1 (ETSU S/P2/00233/REP), 1999.
21. Andrieu, C., Tran, T., The connection of decentralised energy producers to the low voltage grid (Le raccordement en basse tension des producteurs décentralises d'énergie), INPG/IDEA, 2003.
22. Kawasaki, N., Oozeki, T., Otani, K., Kurokawa, K., An evaluation method of the fluctuation characteristics of photovoltaic systems by using frequency analysis, *Solar Energy Materials and Solar Cells* 90 (2006), 3356–3363.
23. Paatero, J. V., Lund, P. D., Effects of large-scale photovoltaic power integration on electricity distribution networks, *Renewable Energy* 32 (2007), 216–234.
24. Ueda, Y., et al., Analytical results of output restriction due to the voltage increasing of power distribution line in grid-connected clustered PV systems, 31st IEEE Photovoltaic Specialists Conference Proceedings (2005), pp. 1631–1634.
25. Takeda, Y., et al., Test and study of utility interface and control problems for residential PV systems in Rokko Island 200kW test facility, 20th IEEE Photovoltaic Specialists Conference (1988), pp. 1062–1067.

第4章 分布式光伏电网变压器中的谐波和波形失真（损耗、额定功率）

分布式光伏电网变压器（DPV - GT）提供的电压不是纯净的正弦波。DPV - GT 系统易受叠加在电源电压上的谐波和间谐波的干扰，这会导致电能质量问题，而这一问题也可能由电压和电流的谐波引起。谐波定义为基波分量（即 60Hz 或 50Hz）的整数倍，并根据 IEEE P1 - 433 - A 标准规定的频率范围内的频谱分布以及频谱值来定义。此外，电压和电流中还存在间谐波，其频率不是基波频率的整数倍，而是作为 IEC 61000 - 2 - 1标准中定义的离散频率或者宽带频率中的一部分。

系统中因逆变器的存在，会引入谐波，而 DPC - GT 易受谐波的影响，出现波形失真现象。太阳能逆变器系统的谐波典型含量小于 1%，对系统几乎没有影响。谐波含量较低是因为该系统中不存在如风力发电机中的发电机、开关以及保护控制结构。系统中存在的其他谐波也会对系统造成影响，这些谐波主要来源于系统产生的间歇能量，而间歇能量是云层所导致的，因为光伏电池板接收到的太阳光的数量和光照时长都取决于云层的状态。非线性负载也会引入谐波，谐波电压是由于非线性负载吸收谐波电流而产生。在实际中，谐波电流源有开关电源、气体放电和荧光灯、变速驱动器、不间断电源、周波变换器、相角控制负载、电弧炉、静态无功补偿器和变压器等。此外，由于电压失真，线性负载如电阻、电容和电感都可能受谐波电流的影响。对于单相负载，总谐波含量可能高达 100%，但通常不太可能出现大于 8.5% 的谐波电压波形失真。目前，无变压器型逆变器会引入偶次谐波，PMW 控制型逆变器就是一个实例。偶次谐波也可由具备不对称 $i-v$ 特性的负载所引起的。

由于逆变器电路中静止变换器的半导体开关动作与系统频率不同步，或是 DPV - GT 受磁路饱和的影响时，负载电流调幅过程中会产生间谐波。典型的间谐波来源包括周波变换器、静态变频器、电弧焊机、电弧炉、感应电动机、风力发电机、低频电力线通信载体和由积分周期控制的负载。

谐波对变压器的负面影响通常会被忽视，直到实际故障发生。一般来说，设计以额定频率工作的变压器的负载由非线性负载取代时，将引入谐波电流到系统中，而且长期运行无碍的变压器会在相当短的时间内出现故障。信号的谐波含量会造成附加损耗，尤其是涡流损耗和磁滞损耗。在日常运行中，DPV - GT 系统因为非线性负载使得这些问题进一步加剧。对于非线性负载，所有标准 DOE 10 CFR Part 431 都指出，考虑到谐波损耗引起的额外发热情况，配电变压器必须降额使用。谐波抑制变压器优于 *K* 系数变压器和通用变压器，因为前者可以减少由单相或非线性负载（如计算机设备）引起的电流谐波所造成的电压失真（平顶）和功率损耗。二次绕组的排序是为了抵消零序磁通，消除一次绕组的环流。而对于二次绕组中的零序谐波（3 次、9 次、15 次谐波）、5 次谐波和 7 次谐波，则采用适当的移相方法来进行处理。即使在非常严峻的非线性负载条件下（如数据中心、互联网服务供应商、电信站点、呼叫中心、广播演播室等），双输出移相谐波抑制变压器仍能够保证极低的输出电压失真程度和输入电流失真程度。将零序磁通消除与移相方法相结合，可以处理二次绕组中的 3 次、5 次、7 次、9 次、15 次、17 次和 19 次谐波。

此外，谐波和间谐波对 DPV - GT 网络组件有广泛的影响，如过热、磁饱和和系统谐振。反过来，这些又会引起系统和电网的电压闪变和波动。

4.1 谐波的定义

谐波是频率为基频整数倍的交流电压和电流。在 60Hz 系统中，谐波可能包括 2 次谐波（120Hz）、3 次谐波（180Hz）、4 次谐波（240Hz）等。通常在三相电力系统中只出现奇次谐波（3 次、5 次、7 次、9 次谐波）。如果在一个三相系统中观察到偶次谐波，那么该系统中的整流器很可能存在问题。

如果将示波器连接到 120V 电源插座，观察到的图形通常不是完美的正弦波。它也许非常接近正弦波，但实际是可能在多个方面中的一个方面将有所变化。当幅值接近其正最大值和负最大值时，曲线可能略微变平或凹陷（见图 4.1）；或是正弦波在极值附近变窄，使波形呈现一个尖峰（见图 4.2）；还可能是，在每个周期正弦波的特定位置，出现与理想正弦波的随机偏差（见图 4.3）。

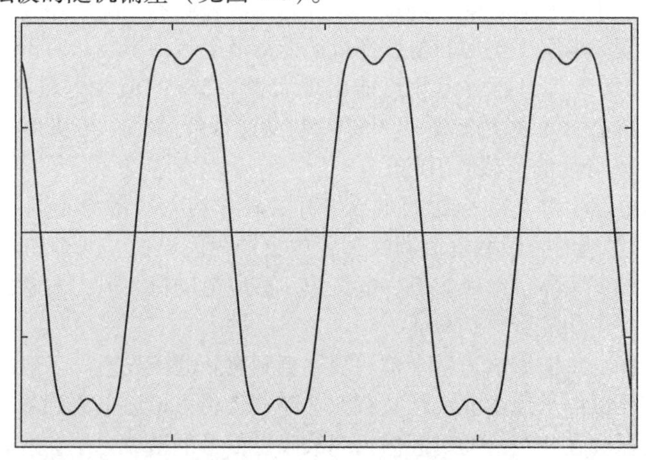

图 4.1　具有同相 3 次谐波频率的基频

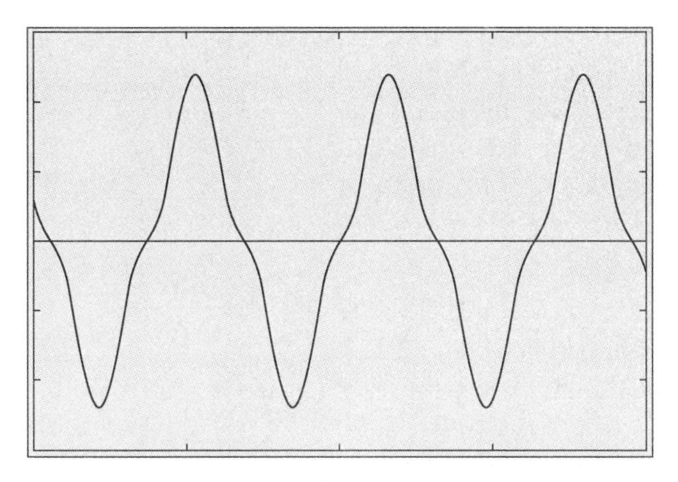

图4.2　具有反相3次谐波频率的基频

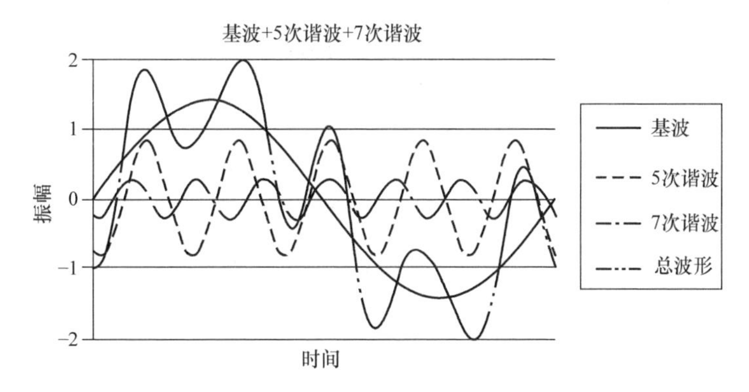

图4.3　基波和奇次谐波（5次和7次谐波）

图4.1中的扁平正弦曲线满足以下数学方程：

$$y = \sin(x) + 0.25\sin(3x) \tag{4.1}$$

也就是说频率为基频3倍（180Hz）、幅值为基波0.25倍的同相正弦波，加到60Hz的正弦波（基频）上，会得到图4.1中的第一部分波形。180Hz正弦波称为3次谐波，它的频率为基频的3倍，与基波分量同相。由于铁心的构造，DPV电网应用的变压器中也存在3次反相谐波。这些变压器主要是心式，并且具有三极，可用于三相的应用。

类似地，图4.2中的峰值正弦波满足以下数学方程：

$$y = \sin(x) - 0.25\sin(3x) \tag{4.2}$$

该波形与第一个波形有相同的组成，除了与基频反相的3次谐波分量不一样，如“0.25sin（3x）”项前的负号所示。这个细微的数学差异在波形显示上大有不同。

除了3次谐波，图4.3中的波形还包含其他几种谐波。有的与基频同相，有的与基频反相。如图4.4所示，谐波频谱越丰富，波形曲线就越复杂，与标准正弦曲线的偏离程度就越大。丰富的谐波频谱还可能会完全隐藏基频正弦波，使正弦波无法识别。

当谐波幅值和阶次已知时，利用谐波频率分析法，重建失真波形就变得很简单。将谐波逐点叠加，就会产生失真的波形。图4.5中的波形是在图4.6中合成，通过对每个x值都加上基波和3次谐波这两个分量的幅值，来得到失真波形。

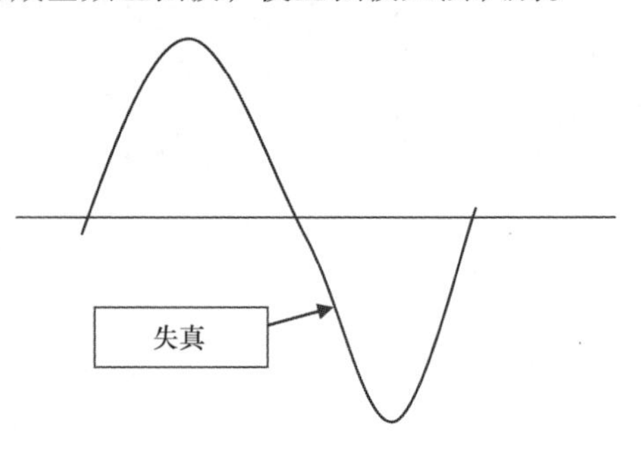

图4.4　与图4.3相比，略有失真的基频正弦波形

将失真的波形分解成谐波分量要困难得多。这个过程需要进行傅里叶分析，涉及大量的微积分。傅里叶频谱分析能给出所处理的功率信号中每个频率分量的功率。如今，已经开发出电子设备以实时地进行此项分析。一些制造商可以提供三相功率分析仪，该分析仪可以数字化地捕获三相波形，并完成包括傅里叶分析在内的大量分析功能，以确定谐波含量。其他制造商为单相系统应用提供具有类似功能的分析设备。这些易于使用的分析仪有助于检测和诊断大多数电力系统中与谐波相关问题。一旦确定了这些谐波，就能很容易地利用现有的公式，来确定DPV－GT中产生的涡流损耗和磁滞损耗的实际情况。

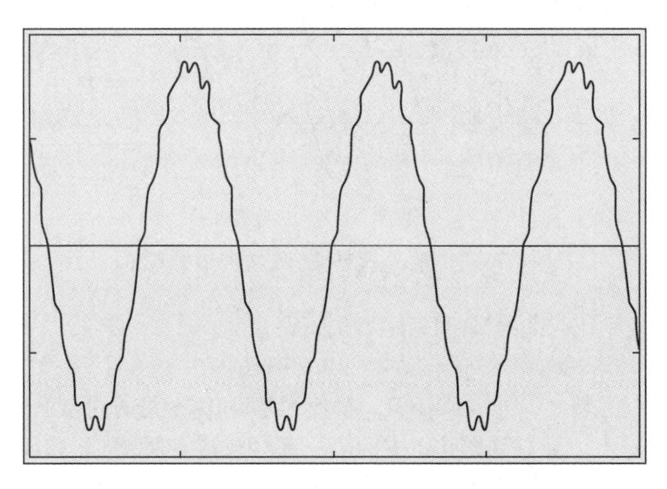

图4.5　包含所有谐波的失真正弦波

谐波是叠加在基波上的电流或电压分量，其频率为基波的数倍。虽然单个谐波分量是正弦的，但是当它们叠加到基波上时就形成了失真的波形，如图4.3所示。谐波含量越高，波形失真越严重。谐波电压失真的典型测量值在0%～10%THD－v范围内，电流失真的典型范围则从0%～100%THD－i或以上。当谐波失真程度相对较严重时，电路中电流和电压的方均根（RMS）值也会显著增加。这可能对电气设备和电线施加应力，并产生额外的热量，降低DPV－GT的预期寿命。

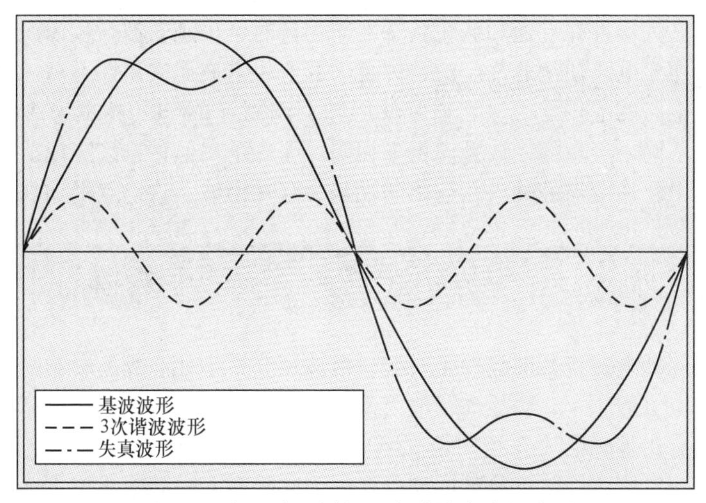

图4.6　由基波和同相3次谐波合成的波形

电压波形的总电压谐波失真（TVHD）是电压谐波含量的方均根与基波电压的方均根的比值：

$$V_{\mathrm{TVHD}}=\sqrt{(V_2^2+V_3^2+V_4^2+V_5^2+\cdots)/V_1}\times 100\% \tag{4.3}$$

电流波形的总电流谐波失真（TCHD）是电流谐波含量的方均根与基波电流的方均根的比值：

$$I_{\mathrm{TCHD}}=\sqrt{(I_2^2+I_3^2+I_4^2+I_5^2+\cdots)/I_1}\times 100\% \tag{4.4}$$

电流波形的总需求电流失真率（TCDD）是谐波电流的方均根与最大需求负载电流的比值：

$$I_{\mathrm{TCDD}}=\sqrt{(I_2^2+I_3^2+I_4^2+I_5^2+\cdots)/I_1}\times 100\% \tag{4.5}$$

式中，I_1 是在过去12个月内系统运行中的最大需求负载电流。

4.2　谐波产生的因素

如果谐波电压不是有意为之，那么它们是从哪里来的？谐波的一个常见来源是铁心设备，如变压器。在一定的磁通密度范围内，铁的磁特性几乎是线性的，但是随着磁通密度的增加，磁特性会迅速饱和。

该非线性的磁特性由磁滞曲线描述。由于非线性磁滞曲线这一特性的存在，励磁电流波形并不是正弦波。傅里叶分析显示励磁电流中含有显著的3次谐波分量，其波形与图4.2所示类似。

铁心不是谐波的唯一来源。诸如在使用IGBT和集成门极换相/控制晶闸管（IGCT）等开关器件的硅电路中会发生磁通畸变，逆变器会产生一些5次谐波电压。其他谐波源包括非线性负载，如整流器、可调速电动机驱动器、焊机、电弧炉、电压控制器和变频器。后者通常与负载电路有关。

当半导体开关器件在导通和截止状态之间切换时会出现斩波，从而产生显著的谐波电压。如今，逆变电路使用非常广泛，但是因其产生谐波而实用性不高。可调速电动机驱动器是逆变电路的应用之一，它通常使用脉宽调制（PWM）技术来产生交流输出电压。合成方法不同，产生的谐波频谱也不相同。无论采用何种方法实现从直流电压输入到交流电压输出，逆变器的输入和输出两端都会存在谐波，这一点必须加以抑制。

4.3 谐波的影响

除了使电压和电流正弦曲线发生畸变，谐波还会产生什么其他影响呢？因为谐波电压产生的谐波电流的频率，明显高于电力系统基波的频率，所以这些电流在电力系统中流动时，会具有比基频电流在相同情况下大得多的阻抗。这是由于“集肤效应”——高频电流趋于在导体表面附近流动的现象。因为几乎没有高频电流流过远离导体表面的部分，所以电流流经的有效截面积很小。随着导体有效截面积的减小，导体的有效电阻增加。用等式表示为

$$R=\rho l/A \tag{4.6}$$

式中，R 是导体的电阻；ρ 是导体材料的电阻率；l 是导体的长度；A 是导体的横截面积。导体的电阻越大，谐波电流流经导体时的发热就会越严重，因为导体中产生的热量（即功率损耗）为 I^2R，其中 I 是流经导体的电流。

通常在电力系统的两个特定部分中性导体和变压器绕组中，需要注意此种附加的热效应。阶数为 3 的奇数倍（3、9、15 等）的谐波尤其麻烦，因为它们在系统中的表现类似于零序电流。这些谐波被称为 3 重谐波，它们在系统中的类似零序电流的表现具有叠加性。它们在中性点系统中流动，在三角形联结的变压器绕组中循环，从而会使导体产生过多的热量。

4.4 减少谐波的影响

由于谐波会对电力系统部件产生不利影响，IEEE 制定了 519 - 1992 标准，来明确控制谐波的推荐做法。该标准还规定了各种类型的系统中电压和电流波形所能允许的谐波最大失真度。

有两种方法可用于减轻因谐波引起的过度发热的影响，并且通常将这两种方法结合使用：一种方法是通过滤波来减小谐波波形的幅值；另一种方法是使用能更有效地处理谐波的系统组件，例如细绞合导体和 K 系数变压器。

通过将电感 L 与功率因数校正电容器 C 进行串联来构造谐波滤波器。串联 LC 电路可以调谐到接近最难得到的谐波频率，通常是 5 次谐波。采用这种方法来调谐滤波器，可以对不需要的谐波进行衰减。

滤波不是减少谐波的唯一方法。可以预先选择逆变器的开关相位角，来消除输出电

压中的一些谐波。这是减少逆变器产生的谐波的一种极具成本效益的方法。

集肤效应会使得谐波电流引起的发热增加，因此使用具有较大表面积的导体可以减轻加热效应。这可以通过使用细绞合导体来实现，因为导体的有效表面积是每股绞线的表面积之和。

当谐波电流普遍存在时，具有特别设计的 *K* 系数变压器就能发挥其优势。它们将绕组中的小导体并联，以减少集肤效应，并结合具有特殊设计的铁心，以减轻高磁通频率下谐波产生的饱和效应。

较为合适的设计是增加中性线的尺寸，以更好地适应三重谐波。根据 2002 NEC 的 210.4（A）和 220.22 中的 FPN，“用于向非线性负载供电的三相四线制星形联结电力系统，可能需要进行合适的设计，以允许高次谐波中性电流的存在。”根据 310.15(B)(4)(c)，“在三相四线制星形联结电路上，负载主要由非线性负载组成，谐波电流存在于中性导体上，因此，中性导体应被视为载流导体。”需要特别注意的是，B.310.5～B.310.7 中的电缆载流量是根据 50% 相电流下的中性导体的最大谐波负载来设计的。随着越来越多的谐波源设备被添加到电力系统中，谐波无疑将继续成为备受关注的问题。但是，如果在系统的初始设计时就充分考虑谐波这一问题，则可以对谐波进行管理，并避免其不利的影响。

众所周知，诸如开关电源（SMPS）、变频驱动器、电子镇流器和电弧炉之类的非线性负载会产生谐波电流和电压。将这些负载与变压器铁心的非线性性质结合起来进行分析，就能得知，电流和电压波形的畸变将导致功率损耗和绕组温度的增加。在这种情况下，给非线性设备提供能量的变压器，应根据额定绕组涡流损耗和负载电流中谐波分量的百分比来进行降额。另一种方法是使用 *K* 系数变压器。总的来说，研究谐波问题已经变得非常重要。

4.5 涡流损耗

变压器损耗由铜损和铁损组成，分为杂散损耗和涡流损耗。磁通变化产生电动势，进而在铁心绕组中产生环流引起功率损耗，即涡流损耗。当谐波存在时，涡流损耗变得相当大。谐波往往会以指数形式增加变压器的涡流损耗，从而导致变压器的工作温度更高。这是因为涡流损耗与导体中电流的二次方和其频率的二次方成正比。

4.6 *K* 系数

这是一种建立变压器带非线性负载能力的方法。*K* 系数为 1.0 时表示没有谐波。换句话说，存在谐波电流时，*K* 系数大于 1.0。简单地说，*K* 系数就是谐波电流的二次方与相应的谐波频率阶数的二次方的乘积之和。

方程式如下：

$$K = [(I_1/I_{rms})^2(1)^2] + [(I_2/I_{rms})^2(2)^2] + [(I_3/I_{rms})^2(3)^2] + \cdots + [(I_n/I_{rms})^2(n)^2] \tag{4.7}$$

式中，I_1为基频电流；I_2为2次谐波电流；I_3为3次谐波电流；I_n为n次谐波电流；I_{rms}为方均根电流。要注意的是：总的方均根电流是单个电流二次方和的方均根。

K系数变压器设计为可承受K倍的额定涡流损耗。此外，这种类型的变压器具有更大的中性点接线端子，这个端子的尺寸至少是相端子的2倍大，以保护系统不受到流经中性端子的三重谐波（3次、9次、15次等）的影响。

4.7 总结

谐波电流对变压器的影响总结如下：

- 增加涡流损耗（ECL）；
- 3次谐波含量导致的额外铜损；
- 对通信电路的电磁干扰。

同时，谐波电压所造成的影响如下：

- 绝缘介质应力增加（缩短绝缘寿命）；
- 绕组电抗和馈线电容之间谐振；
- 对通信电路的静电干扰。

总的来说，与纯正弦波运行相比，谐波的影响会增加变压器的发热。此外，谐波将导致效率变低、容量变小、功率因数降低，以及生产率降低。

4.8 功率因数控制

通常情况下，当逆变器的输出功率大于其额定值的50%时，分布式光伏发电系统将保持高于0.9的滞后功率因数。这给设计DPV－GT系统造成了相当大的压力。

开关切换瞬间会产生高频噪声。开关瞬态有两种类型：慢速开关瞬态和快速开关瞬态。这些是由逆变器中的电子器件产生的，即绝缘栅双极型晶体管（IGBT）和栅极驱动电路。图4.8展示了DPV－GT系统中的典型组件。电路中所示的滤波器有助于衰减DPV－GT所承受的大部分谐波和更高的频率。这些谐波使得DPV－GT系统的损耗增加，效率降低。当开关器件导通/关断时，快速和高dv/dt或di/dt变化，会产生100kHz甚至更高频率的高频振荡。对于更大的额定电流，IGCT被证实是经济并且高效的，其具有更强的功率处理能力。

4.9 并联滤波器

一般来说，并联滤波器的谐振频率约为150kHz，在50kHz～5MHz的带宽中具有谐波衰减和噪声衰减能力。并联滤波器可降低 DPV - GT 系统中的功率级以及开关模式中的噪声。该滤波器还能保护整个系统免受雷电冲击，以及避免出现微秒下 kA 等级的电流尖峰，从而避免高达 1kV 的电压上升。

4.10　串联滤波器

IGBT 在 0.1 ~ 10μs 之间切换，这就使得串联滤波器的谐振频率必须在 100kHz 和几 MHz 之间。此外，控制器采用 150kHz 的开关模式脉冲方案（SMPS），因此所设计的串联滤波器需要能同时衰减共模（CM）和差模（DM）噪声。对于 100kHz ~ 1MHz 之间的频率，CM 噪声的衰减为 80dB；而对于 200kHz ~ 3MHz 之间的频率，DM 噪声的衰减为 70dB。该滤波器还设计用于消除系统的主导频率分量，但对 PWM 的低频范围内无效。

4.11　谐波的缓解

因为具有许多与过程控制相关的优点和节能效益，所以能快速并频繁切换负载的电力电子设备在如今已经变得非常普遍。然而，它们也给配电和 DPV - GT 系统带来了一些主要的缺点，例如谐波和快速变化的无功需求。

如图 4.7 所示，谐波可能会干扰其他设备的正常运行，并增加运行成本。谐波的非正常特征表现包括变压器、电动机和电缆的过热，保护装置的热跳闸，以及数字设备和驱动器的逻辑故障。谐波会导致电机（电动机、变压器和电抗器）产生振动和噪声。

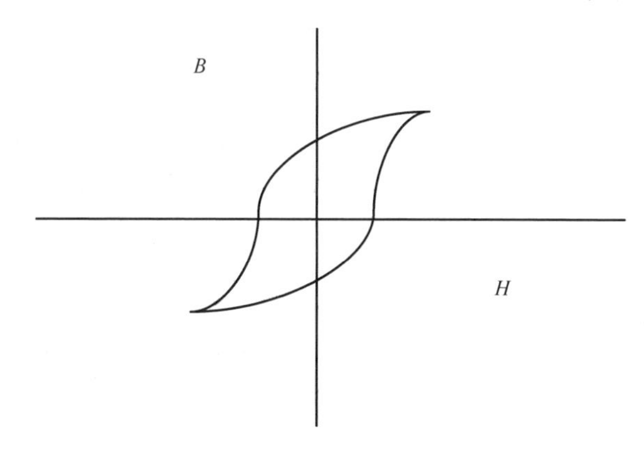

图 4.7　B（磁通密度，单位是 T）与 H（磁场强度，单位是 AT/m）——铁心的磁化曲线

许多设备的寿命会由于运行温度过高而被缩减。

我们可采用各种谐波抑制方法来解决配电系统中的谐波问题。它们都是根据具体情况而制定的有效方案，这些方案既有利也有弊。例如：线路电抗器（LR）/直流母线扼流圈/隔离变压器、调谐谐波滤波器、宽带滤波器、多脉冲变压器/变换器，以及有源谐波滤波器（AHF）。

有源滤波器的做法是产生谐波分量，来抵消非线性负载中的谐波分量。图4.8说明了AHF产生的谐波电流是如何注入系统中，以消除变频器（VFD）负载产生的谐波。AHF是一种高效的装置，可消除配电系统中多阶谐波。AHF在系统中并联连接，并可通过多个单元并联进行扩展。它可以处理不同类型的负载，如线性或非线性负载。此外，AHF从系统的角度解决谐波问题，在许多应用中可以显著地降低成本，减少空间。其性能水平可以满足总需求失真（TDD）的要求，即5%。

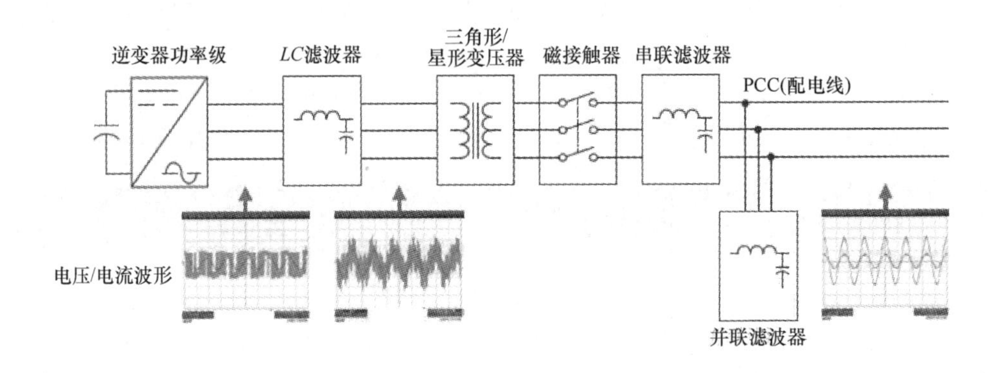

图4.8 谐波抑制电路

为了解决常见的6脉冲变频器引起的谐波问题，工业上已开发出12或18脉冲变频器。图4.8给出了12脉冲变频器的典型概念图。输入端连接到变压器的一次绕组，然后输出端与两个独立的相移二次绕组连接到两组逆变器。这种结构将当前的谐波失真降低到10%以内（12脉冲）。对于18脉冲的变频器，在方案中增加了一个二次绕组和一组逆变器，它可以达到5%的TDD。18脉冲变频器正在取代12脉冲变频器，作为多脉冲解决方案的主流选择。在设备级别上，它可以达到5%的TDD。然而，与其他解决方案相比，它的体积通常都很大，具有较大的热量损失，并且具有较高的运行成本。

4.12 宽带滤波器

顾名思义，宽带滤波器旨在抑制多个谐波频率的谐波。它与调谐滤波器的电路既有相似性，又存在差异性。两个电感（L）都可能具有大于8%的阻抗，这意味着滤波器上将会有16%的电压降。它的物理尺寸通常非常大，并且会产生相当大的热损失（>4%）。一个精心设计的宽带滤波器可以达到10%范围内的TDD目标。

参考文献

1. IEEE P1433, A standard glossary of power quality terminology.
2. DISPOWER project (Contract No. ENK5-CT-2001-00522), Identification of general safety problems, definition of test procedures and design-measures for protection, 2004.
3. DISPOWER project (Contract No. ENK5-CT-2001-00522), Summary report on impact of power generators distributed in low voltage grid segments, 2005 (http://www.pvupscale.org).
4. IEA PVPS Task V, report IEA-PVPS T5-01: 1998, Utility aspects of grid connected photovoltaic power systems.
5. IEC 61000-3-2: 2005, EMC—Part 3-2: Limits—Limits for harmonic current emissions equipment input current up to and including 16 A per phase.
6. IEEE 929: 2000, Recommended practice for utility interface of photovoltaic (PV) systems.
7. Engineering Recommendation G77/1: 2000, Connection of single-phase inverter connected photovoltaic (PV) generating equipment of up to 5 kW in parallel with a distribution network operator (DNO) distribution system.
8. IEC/TS 61000-3-4:, EMC—Part 3-4: Limits—Limitation of emission of harmonic currents in low-voltage power supply systems for equipment with rated current greater than 16 A.
9. IEC/TR3 61000-3-6:, EMC—Part 3-6: Limits—Assessment of emission limits for distorting loads in MV and HV power systems—Basic EMC publication.
10. Cobben, J. F., Heskes, P. J., Moor de, H. H., Harmonic distortion in residential areas due to large scale PV implementation is predictable. *DER-Journal*, January 2005.
11. Cobben, J. F., Kling, W. L., Heskes, P. J., Oldenkamp, H., Predict the level of harmonic distortion due to dispersed generation, 18th International Conference on Electricity Distribution (CIRED), Turin, Italy, June 2005.
12. Cobben, J. F., Kling, W. L., Myrzik, J. M., Making and purpose of harmonic fingerprints, 19th International Conference on Electricity Distribution (CIRED), Vienna, Austria, May 2007.
13. Oldenkamp, H., De Jong, I., Heskes, P. J. M., Rooij, P. M., De Moor, H. H. C., Additional requirements for PV inverters necessary to maintain utility grid quality in case of high penetration of PV generators, 19th EC PVSEC (2004), pp. 3133–3136.
14. Cobben, J. F. G., Power quality implications at the point of connection, Dissertation, University of Technology Eindhoven, 2007.
15. IEA-PVPS Task V, report IEA-PVPS T5-2: 1999, Demonstration test results for grid interconnected photovoltaic power systems.
16. Halcrow Gilbert Associates, Department of Trade and Industry, Coordinated experimental research into power interaction with the supply network—Phase 1 (ETSU S/P2/00233/REP), 1999 (http://www.dti.gov.uk/publications).
17. UNIVERSOL project (Contract No. NNE5-293-2001), Quality impact of the photovoltaic generator "Association Soleil-Marguerite" on the public distribu-

tion network, EDF-R&D, 2004.
18. IEC 61000-4-7: 2002, Electromagnetic compatibility (EMC)—Part 4-7: Testing and measurement techniques—General guide on harmonics and interharmonics measurements and instrumentation, for power supply systems and equipment connected thereto.
19. IEC 61000-2-12: 2003. Electromagnetic compatibility (EMC)—Part 2-12: Environment—Compatibility levels for low-frequency conducted disturbances and signaling in public medium voltage power supply systems.
20. Hong, Soonwook, Zuercher–Martinson, Michael, Harmonics and noise in photovoltaic (PV) inverter and the mitigation strategies, white paper, Solectria, Lawrence, MA.
21. Harmonic analysis report, Multiple loads, Allied Industrial Marketing, September 2011, Cedarsburg, WI.

第 4 章的练习

1. 为图 4. 6 中的 PWM 谐波抑制系统设计 *LC* 滤波器，其中，*LC* 滤波器的谐振频率为 750Hz。PWM 频率为 10kHz，在基波分量中进行衰减，为 45dB。进行 FFT 分析，并绘制 Bode 图来说明 *LC* 滤波器的设计。分析解释 10kHz 的纹波分量进一步衰减为 60dB，低于并联滤波器的基波分量。该纹波对基波分量和总 TDD 的百分比是多少？计算此 *LC* 滤波器的 THD 和 TDD。

2. 设计一个 *RLC* 并联滤波器，其谐振频率为 150kHz，频带宽度为 50kHz ~ 5MHz。对电流脉冲 $I = 0$A、$I = \pm 1$A 和 $I = \pm 10$ A 的响应要在 2 ~ 5μs 之内。计算 *RLC* 并联滤波器的 THD 和 TDD。

3. 设计一个 *RLC* 串联滤波器，滤波器在 100kHz ~ 5MHz 之间谐振。SMPS 控制器的开关频率为 150kHz。此外，这个滤波器要被设计为同时衰减共模（CM）和差模（DM）噪声。对于 100kHz ~ 1MHz 之间的频率，CM 噪声的衰减为 80dB；对于 200kHz ~ 3MHz 之间的频率，DM 噪声的衰减为 70dB。计算此 *RLC* 串联滤波器的 THD 和 TDD。

第 5 章

分布式光伏电网变压器中的频率变化和功率因数变化

5.1 欠频或过频

电网频率的变化需要光伏发电系统响应，以确保连接到耦合点的设备的安全，无论这个设备是指光伏发电系统、电网还是用户负载。根据国际标准，光伏发电系统必须与电网系统同步运行，频率偏差为 ±1Hz，当超出上述范围时，光伏发电系统必须在 0.2s 内停止向电网供电。当频率稳定在（60 ±1）Hz 内时，公用设施系统必须再次与光伏发电系统同步。通常避免将光伏发电系统与现有的低频减载（UFLS）模块相互连接，以防止出现严重的带载跳闸。

5.2 功率因数控制

典型地，当逆变器的输出功率高于额定输出功率的 50% 时，分布式光伏发电系统的滞后功率因数将保持大于 0.9。这给分布式光伏电网变压器（DPV – GT）的系统设计造成很大的压力。

5.3 低频问题

一般来说，避免将光伏发电系统与现有的低频减载模块相互连接，以防止出现严重的带载跳闸。同时，孤岛效应也会导致频率的变化。根据视在功率中有功部分和无功部分可接受或可允许的变化值，频率变化将会超过其允许范围。通过平衡发电和负载需求来匹配电压和频率的变化，得到一个稳定的孤岛系统，这种系统的典型特征是具有检测盲区（NDZ）。该方面将在第 6 章进行详细描述，这里只作简略说明。

5.4 过电压/欠电压（OVP/UVP）和过频/欠频（OFP/UFP）

并网 DPV - GT 系统需要具有 OVP/UVP 和/或 OFP/UFP 检测系统，当用户（负载）与电网的公共耦合点（PCC）处的电压频率或幅值超过规定的范围时，该检测系统就会使光伏逆变器停止向 DPV - GT 和电网供电。这种检测系统既能保护用户的设备，同时又可以作为防止发生孤岛效应的检测手段。

图 5.1 中，从电网流入到 PCC 的有功功率为

$$\Delta P = P_{\text{load}} - P_{\text{g}} \tag{5.1}$$

从电网流入到 PCC 的无功功率为

$$\Delta Q = Q_{\text{load}} - Q_{\text{g}} \tag{5.2}$$

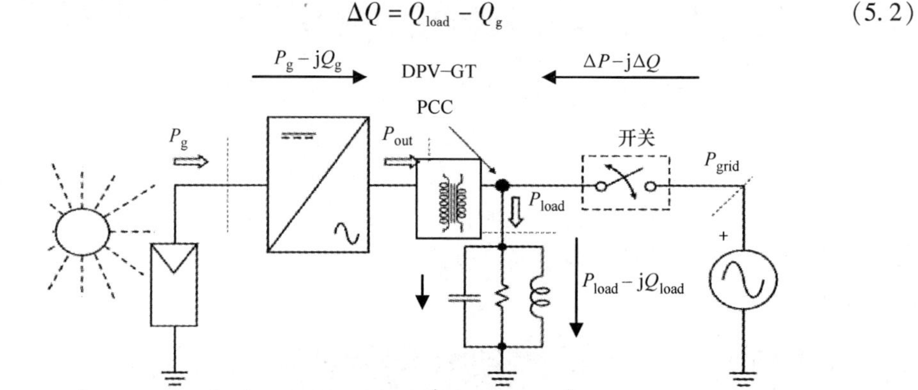

图 5.1 具有 OVP/UVP 或 OFP/UFP 检测方法的 DPV - GT 系统中孤岛系统的典型表示

从光伏发电机流入 PCC 的视在功率分量，以及从 PCC 流入到负载的视在功率分量，如图 5.2 所示。如果光伏逆变系统工作在单位功率因数（UPF）模式，则 $Q_g = 0$，$\Delta Q = Q_{\text{load}}$。而且，在开关开通形成孤岛前的几分钟，整个 DPV - GT 系统的运行将取决于 ΔP 和 ΔQ 的大小。此外，如果 $\Delta P \neq 0$，PCC 处的电压幅值将发生变化，这时 OVP/UVP 可以检测到变化并防止发生孤岛效应。对于任何无法避免的孤岛事件，DPV - GT 系统易受到电压电平变化的影响，这需要适当的注意绝缘配合。如果 $\Delta Q \neq 0$，则负载电压的相位会突变，这将导致逆变器控制系统引起逆变器电流频率的变化，反过来又导致负载电压频率的变化，直到 $\Delta Q = 0$（即达到负载谐振频率）。这种频率的变化可以通过 OFP/UFP 检测出来。这就要求具有一个有效的锁相环（PLL）系统，以保持适当的接近电网规定的谐振频率。较慢的 PLL 电路将导致电压的阶跃相移，等同于功率因数。OVP/UVP 和 OFP/UFP 许多严格的度量标准通常由实际使用经验或者电网所指定。因此，如果负载和光伏发电系统的有功功率（逆变器的输出）不匹配，或者负载的谐振频率没有在电网频率附近，则不会发生孤岛效应。这种防孤岛效应系统的优势在于，OVP/

UVP 和 OFP/UFP 由于多种其他原因而被使用，并且最终该系统能有效地停止逆变器电路，同时其成本很低。它还有助于保护 DPV - GT。同时，这样系统在防止孤岛效应方面的弱点是存在巨大的 NDZ。典型的 NDZ 度量标准如图 5.2 所示。

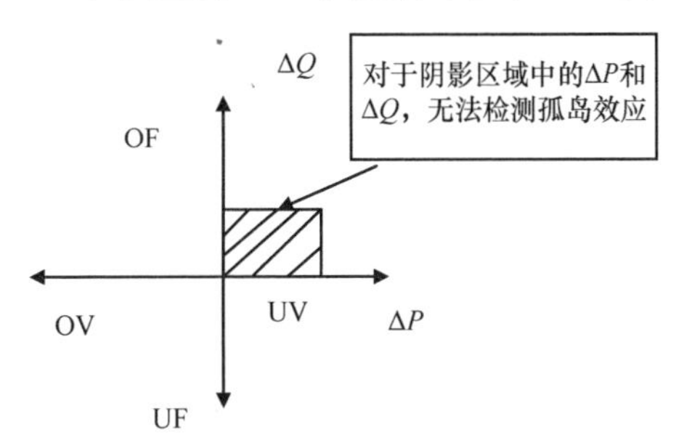

图 5.2　OVP/UVP 和 OFP/UFP 孤岛效应检测方案，NDZ 在 ΔP 和 ΔQ 区域的典型映射

5.5　源于电磁兼容性（EMC）的频率变化

国际电工委员会（IEC）和欧盟（EU）均将 EMC 定义为涵盖 0Hz 的电磁现象。此外，IEC 还定义了以下主要的电磁传导现象：

低频传导现象：

- 谐波、间谐波——奇次谐波和偶次谐波都会导致频率变化，尤其是 2 次谐波。
- 叠加在电力线上的信号——3 次谐波在由通信线路承载的信号中产生一个干扰因素，该通信线路通常与配电系统相同。
- 电压波动。
- 电压骤降和中断。
- 电压不平衡。
- 电源频率变化。
- 感应低频电压。
- 交流网络中的直流分量。

5.6　高频传导现象

- 感应电压或感应电流——这进一步增加了 ECL 和磁滞损耗。
- 单向瞬态。
- 振荡暂态——增大了绝缘配合的难度，并可能限制 DPV - GT 的有效设计。通过采用精巧的智能设计和绝缘设计，并利用适当的分流技术来减少杂散损耗。

5.7 与大型并网分布式光伏电网变压器阻抗和光伏逆变器相互作用有关的频率问题

目前，用于住宅 DPV 系统中分散发电的光伏逆变器，其功率通常在 1～5kW 的范围内，并可从多个生产厂家获得。然而，在稳定性方面，大型电网的阻抗变化对控制和电网滤波器设计提出了挑战。事实上，光伏发电系统非常适合用于与变压器远距离连接（长电线）的负载，但是在不发达偏远地区，低功率变压器和高电网阻抗的长配电线将使得情况变得很复杂。因此，对该情况需要进行理论分析，因为电网阻抗的变化会导致低频范围（电流控制器的带宽频率附近）以及高频范围（*LCL* 滤波器的谐振频率附近）内的动态问题及稳定性问题。典型的 *LCL* 结构如图 5.3 所示。谐振频率由 T 形 *LCL* 滤波器方案给出。

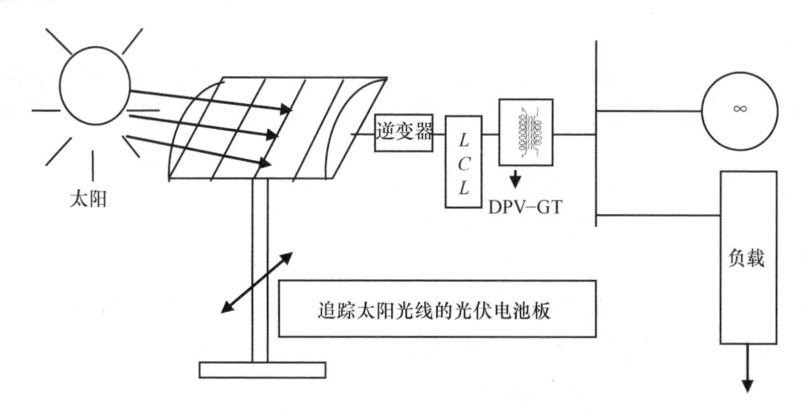

图 5.3 具有合适谐振频率的 *LCL* 滤波器

谐振控制器可以减轻电网谐波畸变对电网电流的影响，但是在低频范围内，可能存在的阻抗变化增加了谐振控制器的设计难度。在高频范围内，电网阻抗会影响滤波器的频率特性，这使得无源阻尼或有源阻尼的设计（以确保稳定性）变得更加困难。本书通过仿真和实验结果对这两个问题进行了讨论。

5.8 功率因数校正（PFC）

增加有功功率分量或降低无功功率分量可以提高功率因数（PF）。对于一个给定的负载，仅仅为了功率因数校正而去增加有功功率分量，在经济上是不可行的。因此，提高系统功率因数的唯一实用方法是减少无功功率分量。在过去，使用功率因数电容器来校正功率因数是一个很简单实用的方法。现如今，随着变频器、软起动器和焊机等非线性负载的广泛使用，在应用功率因数校正设备和谐波滤波设备时必须注意很多方面，以避免错误应用。对于一个低谐波含量的配电系统，可以采用标准电容器。而对于一个高谐波含量的系统，通常需要采用调谐电容器系统。

参考文献

1. IEEE P1433, A standard glossary of power quality terminology.
2. DISPOWER project (Contract No. ENK5-CT-2001-00522), Identification of general safety problems, definition of test procedures and design-measures for protection, 2004.
3. DISPOWER project (Contract No. ENK5-CT-2001-00522), Summary report on impact of power generators distributed in low voltage grid segments, 2005 (http://www.dispower.org).
4. IEA PVPS Task V, report IEA-PVPS T5-01: 1998, Utility aspects of grid connected photovoltaic power systems.
5. IEC 61000-3-2: 2005, EMC—Part 3-2: Limits—Limits for harmonic current emissions equipment input current up to and including 16 A per phase.
6. IEEE 929: 2000, Recommended practice for utility interface of photovoltaic (PV) systems.
7. Engineering Recommendation G77/1: 2000, Connection of single-phase inverter connected photovoltaic (PV) generating equipment of up to 5 kW in parallel with a distribution network operator (DNO) distribution system.
8. IEC/TS 61000-3-4:,EMC—Part 3-4: Limits—Limitation of emission of harmonic currents in low-voltage power supply systems for equipment with rated current greater than 16 A.
9. IEC/TR3 61000-3-6: EMC—Part 3-6: Limits—Assessment of emission limits for distorting loads in MV and HV power systems—Basic EMC publication.
10. Cobben, J. F., Heskes, P. J., Moor de, H. H., Harmonic distortion in residential areas due to large scale PV implementation is predictable, *DER-Journal*, January 2005.
11. Cobben, J. F., Kling, W. L., Heskes, P. J., Oldenkamp, H., Predict the level of harmonic distortion due to dispersed generation, 18th International Conference on Electricity Distribution (CIRED), Turin, Italy, June 2005.
12. Cobben, J. F., Kling, W. L., Myrzik, J. M., Making and purpose of harmonic fingerprints, 19th International Conference on Electricity Distribution (CIRED), Vienna, Austria, May 2007.
13. Oldenkamp, H., De Jong, I., Heskes, P. J. M., Rooij, P. M., De Moor, H. H. C., Additional requirements for PV inverters necessary to maintain utility grid quality in case of high penetration of PV generators, 19th EC PVSEC (2004), pp. 3133–3136.
14. Cobben, J. F. G., Power quality implications at the point of connection, Dissertation, University of Technology Eindhoven, 2007.
15. IEA-PVPS Task V, report IEA-PVPS T5-2: 1999, Demonstration test results for grid interconnected photovoltaic power systems.
16. Halcrow Gilbert Associates, Department of Trade and Industry, Coordinated experimental research into power interaction with the supply network—Phase 1 (ETSU S/P2/00233/REP), 1999 (http://www.dti.gov.uk/publications).
17. UNIVERSOL project (Contract No. NNE5-293-2001), Quality impact of the

photovoltaic generator "Association Soleil-Marguerite" on the public distribution network, EDF-R&D, 2004.
18. IEC 61000-4-7: 2002, Electromagnetic compatibility (EMC)—Part 4-7: Testing and measurement techniques—General guide on harmonics and interharmonics measurements and instrumentation, for power supply systems and equipment connected thereto.
19. IEC 61000-2-12: 2003. Electromagnetic compatibility (EMC)—Part 2-12: Environment—Compatibility levels for low-frequency conducted disturbances and signaling in public medium voltage power supply systems.
20. Hong, Soonwook, Zuercher–Martinson, Michael, Harmonics and noise in photovoltaic (PV) inverter and the mitigation strategies, white paper, Solectria, Lawrence, MA.
21. IEA PVPS Task V, report IEA-PVPS T5-11: 2002, Grid connected photovoltaic power systems: Power value and capacity value of PV systems.
22. Perez, R., et al., Photovoltaics can add capacity to the utility grid, Report NREL-DOE/GO-10096-262, 1998.
23. Perez, R., Schlemmer, J., Bailey, B., Elsholz, K., The solar load controller end-use maximization of PV's peak shaving capability, *Proceedings of the American Solar Energy Society Conference*, 2000.
24. EA Technology, Department of Trade and Industry, Overcoming barriers to scheduling embedded generation to support distribution networks (ETSU K/EL/00217/REP), 2000.
25. Perez, R., Letendre, S., Herig, C., PV and grid reliability: Availability of PV power during capacity shortfalls, *Proceedings of the American Solar Energy Society Conference*, 2001.
26. Perez, R., et al., Availability of dispersed photovoltaic resource during the August 14th, 2003, northeast power outage, *Proceedings of the American Solar Energy Society Conference*, 2004.

第6章

分布式光伏电网变压器中的孤岛效应

孤岛是指即使来自电力公司的电力不再存在，分布式发电机（DG）还能够继续为某处供电。考虑如下例子：分布式太阳能设施通过其太阳电池板将电力送回电网；在断电情况下，如果太阳电池板继续为分布式太阳能设施供电，此时太阳能设施将成为一个"孤岛"，其所产生的电能被分布式太阳能电网系统中大量的无供电分布式太阳能设备包围在中间。如果没有适当的监测和控制，这种情况可能会对人类造成危险，有时甚至是致命的。

孤岛有两种类型：

1）**可控型孤岛**也称为自供电力系统，能够在允许的电压和频率变化范围内从供应商向客户提供电力。这类孤岛是标准网络正常运行的一部分，现有的电网运行需要这种孤岛。

2）在**非计划性孤岛**现象出现时，发电机在特定的时间内自动断开电网，以保护网络运营商和分布式光伏电网变压器（DPV－GT）等设备免受损坏。在前文已经对此进行描述，而这也将是讨论的主要议题。

孤岛效应对电力工人来说可能是危险的，因为他们可能没有意识到，即使电网没有电力，太阳能设施也仍然在供电。因此，分布式发电机必须能够检测到孤岛效应并立即停止发电。现在相关行业已经开发出了防止孤岛效应发生的插入和中断机制。

在**计划性孤岛**中，用户将建筑物与电网断开，并使分布式发电机为建筑物及其负载供电。检测孤岛效应的方法如下所述，虽然检测盲区（NDZ）可以作为评估任何检测方法的弱点及其使用情况的指标之一，但是NDZ无法检测到孤岛效应实际情况的具体发展。

一个典型的含有DPV－GT的光伏发电系统如图6.1所示，其中光伏发电机通过DPV－GT连接到逆变器，到达公共耦合点（PCC），然后PCC连接到本地负载，同时在该连接点处还设置有一个开关，以控制是否将负载接入电网。通常，具有高品质因数Q的RLC负载会给孤岛检测带来严重的问题。Q因子被定义为

$$Q=R\{\mathrm{SQRT}(C/L)\} \tag{6.1}$$

通常，大多数防止孤岛效应发生的方法都会涉及高Q值的RLC负载。在电路中引入DPV－GT增加了电感值，同时提供了电感式变压器电路的附加电阻。高Q值负载通

常具有大的电容、小的电感以及相应的电阻。同时，谐波源负载或恒功率电阻不会在孤岛检测中造成这种问题。

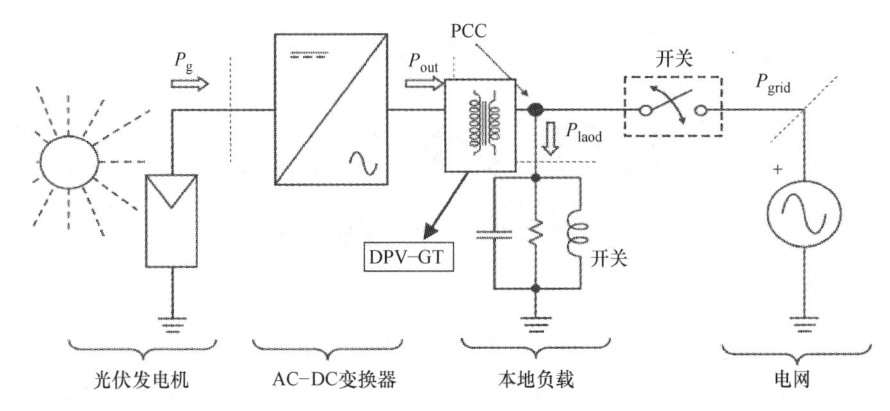

图 6.1 一个 DPV - GT 系统中的孤岛效应

6.1 EN61000 -3 -2 欧洲标准规范谐波电流

与之相应的 IEC 标准 61000 -3 -2 对电源供给主体流出的谐波电流加以限制。本标准要求对电器设备进行型式试验，以确保它们符合标准中的要求。

这适用于要连接到公共低压配电系统的电气和电子设备，并且这些电气和电子设备每相的输入电流高达 16A（即额定电源电压为 AC 230V 或 AC 415V 三相）。

根据不同类型的设备，该标准确定了四类波形。例如，B 类中的某一种波形适用于便携式工具，而 D 类却通常适用于典型的开关模式波形。每类波形都有不同的谐波限制，但均不可超过 40 次。某些类别根据设备的功率设置了动态限制。

EN61000 -3 -2 标准试用的范围包括照明设备、便携式工具、电子设备、消费产品和电器，以及工业设备等。本标准不包括额定电源电压低于 AC 220V 的设备。但对于 1kW 以上的专业设备的限制并没有给出明确说明。

虽然这些要求只涵盖了在欧盟内销售的产品，但是美国也存在类似的 IEEE 文件，与此同时日本也在考虑增加类似的法律条款。UL 1741 标准提供了一些安全准则。

该国际标准适用于光伏发电系统，其中光伏发电系统与电网并联，采用静态（固态）反孤岛效应逆变器，将直流电转换成交流电。本文件对于额定值为 10kVA 或更低的系统给出了具体建议，例如可以在单相或三相的个人住宅中使用的系统。本标准适用于与低压配电系统的互连。

该标准的目的是使光伏发电系统与配电系统进行互相连接。

注 1：具有型式认证的逆变器，如果满足本详述标准，应被视为可接受安装，无需进行进一步测试。

本标准不涉及电磁兼容性（EMC）或防孤岛保护机制。

注2：当包含存储系统，或者当光伏发电系统的运行控制信号来自于电网时，接口要求可能会发生变化。

6.2 范围界定一致性

通常，一个电网会有一个模板范围，以保持研究的一致性。这些研究包含以下几个方面：

1）提出了一种15%峰值负载的阈值方法。所有配电电路的电力设备对峰值负载进行监控和记录。传统方法中没有监测最小负载，但是近些年在有些安装中通过使用遥测技术，已经可以获取最小负载相对应的数据。辐射状电路的最小负载通常为峰值负载的30%，数据采样周期应至少为一年，而且必须能代表典型的系统负载条件。

2）当辐射状配电电路上的总发电量最大值接近最小负载的50%时，孤岛效应就成了电能质量和保护问题。因此，规划工程师使用15%峰值负载曲线来快速识别互连请求是否会引起潜在的孤岛效应和电能质量问题。如果互连请求和总发电量超过了峰值负载的15%，那么电网就可以使用最小负载而不是峰值负载来重新评估该曲线。如果第二次出现故障，则表明有必要进行进一步的研究，而且在特殊的保护要求中，互连可能是被允许的。

6.3 用并网分布式光伏电网变压器检测孤岛效应

可以通过使用位于逆变器中的无源和有源方法来检测孤岛效应，也可以采用不存在于逆变器中但是属于电网级别的方法。

无源方法的描述和评估如下[1-3]。

6.3.1 过电压/欠电压（OVP/UVP）和过频/欠频（OFP/UFP）

DPV-GT系统需要有OVP/UVP和/或OFP/UFP检测系统，如果用户（负载）和电力公司之间PCC电压的频率或幅度超过规定的限值，这些检测系统就会使光伏逆变器停止向DPV-GT和电网供电。这些系统用于保护用户的设备，也可以作为防孤岛检测的方法。

在图6.2中，从电网流入PCC的有功功率为

$$\Delta P = P_{\text{load}} - P_{\text{g}} \tag{6.2}$$

从电网流入PCC的无功功率为

$$\Delta Q = Q_{\text{load}} - Q_{\text{g}} \tag{6.3}$$

从光伏发电机流入PCC的视在功率分量，以及从PCC流入负载的视在功率如图6.2所示。如果光伏逆变器工作在单位功率因数（UPF），则 $Q_{\text{g}}=0$，$\Delta Q = Q_{\text{load}}$。此外，在开关断开以形成孤岛效应之前的很短时间内，整个DPV-GT系统的行为将取决于 ΔP

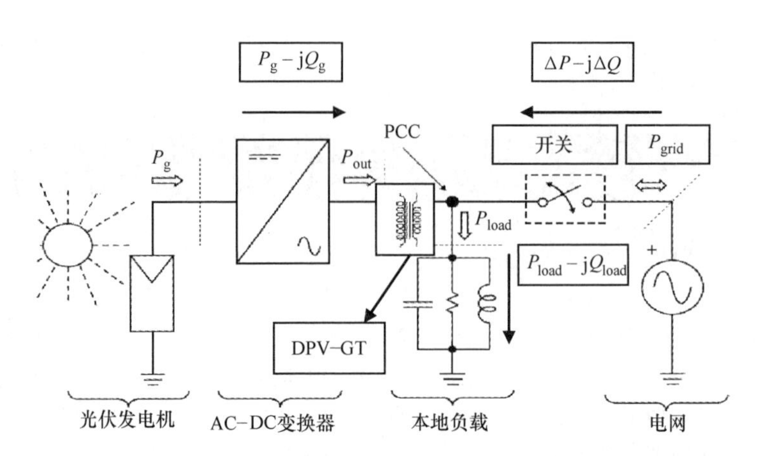

图 6.2 使用 OVP/UVP 或 OFP/UFP 方法在 DPV – GT 系统中检测孤岛效应

和 ΔQ。再者，如果 $\Delta P \neq 0$，那么 PCC 的电压幅度将发生变化，并且 OVP/UVP 可以检测变化并防止发生孤岛效应。任何无法避免的孤岛效应都将使 DPV – GT 发生电压变化，这需要注意进行适当的绝缘配合。如果 $\Delta Q \neq 0$，负载电压将出现相位突变，这会影响逆变器控制系统造成电流频率的偏移反过来又影响负载电压的频率，直到 $\Delta Q = 0$（即达到负载谐振频率）。这种频率变化可以通过 OFP/UFP 来检测。这就需要有效的锁相环（PLL）系统来保持适当的谐振频率以接近电网的频率。较慢的 PLL 电路将导致等同于功率因数的电压阶跃相移。许多严格的 OVP/UVP 和 UFP/UFP 度量标准通常在电网中使用或由其明确规定。因此，如果负载和光伏发电系统的有功功率（逆变器输出）不匹配，或者负载的谐振频率不在电网的频率附近，孤岛效应就不会发生。这种防孤岛效应系统的优点是，即使 OVP/UVP 和 OFP/UFP 的使用是出于其他的原因，但最终这对于停止逆变电路是有效的，而且在检测孤岛效应中是一个低成本的选择。该系统还有助于保护 DPV – GT。与此同时，这样的系统在防止孤岛效应的问题上，其弱点是大范围的 NDZ。典型的 NDZ 度量标准如图 6.3 所示。

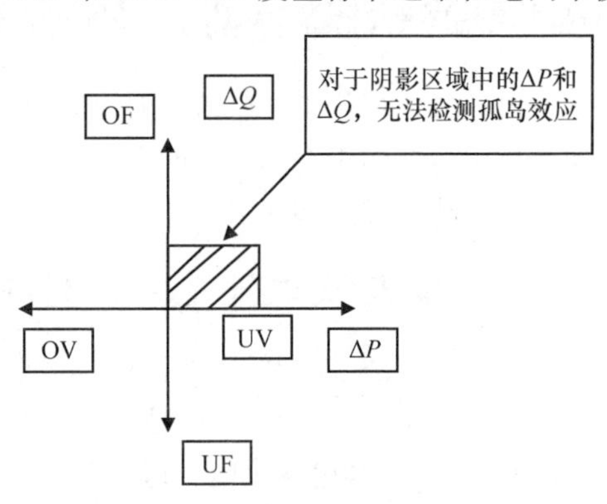

图 6.3 OVP/UVP 和 OFP/UFP 的孤岛效应检测方案中，NDZ 在 ΔP 和 ΔQ 区域的典型映射

6.3.2 电压相位跳变检测（PJD）

这类似于功率因数检测或瞬态相位检测，用来检测逆变器电流与 PCC 处电压的相位差，以防突然跳变。在正常运行和使用电流源逆变器的情况下，通过使用适当的 PLL 装置来实现过零点的超前或滞后，使逆变器电流与 PCC 处的电压同步。一旦发生孤岛

效应，就会检测到电压跳变和相移，这导致 PCC 电压与逆变器的电流间存在一个相位差。如果该误差大于预设阈值，则可以避免孤岛效应。PJD 很容易实现，但是阈值的选择非常棘手。NDZ 引起的误跳闸的灵敏度不易控制，特别是当负载的相位角为零时，因为当断开电源时不会产生相位误差，如图 6.4 所示。

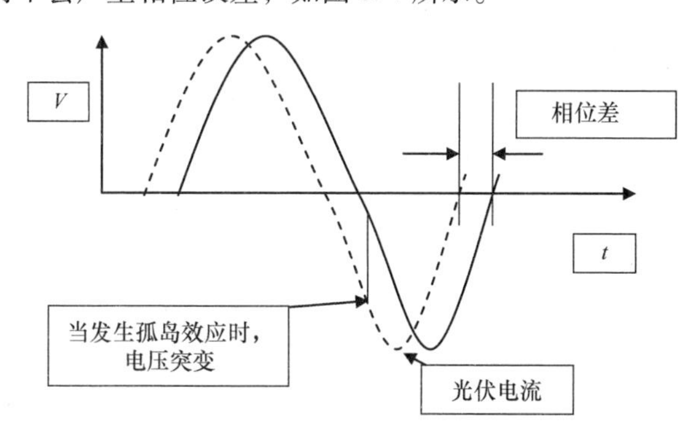

图 6.4　与 PJD 方案相关的相移跳跃；相位误差是由孤岛效应的电压跳变所引起

6.3.3　电压谐波检测

这类似于特定频率下的阻抗检测。光伏逆变器监控到 3 次谐波失真（THD），如果超过一定阈值，则光伏逆变器将被停用。当孤岛效应发生时，两种机制可能导致 PCC 处的电压引入谐波：

1）光伏逆变器；

2）DPV - GT。

当孤岛效应发生时，有两种机制可以导致 PCC 处的电压谐波增加。其中之一就是光伏逆变器本身。与所有开关电源变换器一样，光伏逆变器会在其交流输出电流中产生一些电流谐波。对光伏并网逆变器最典型的要求是，其产生的总额定电流不超过 5% THD[11,12]。当电网断开时，逆变器产生的谐波电流将流入负载，通常它的阻抗比电网高得多。与较大负载阻抗相互作用的谐波电流将在 PCC 处产生较大的电压谐波[8]。这些电压谐波或电压谐波电平的变化可以由逆变器检测出来，然后我们可以假设光伏逆变器是孤岛状态并且停止运行。

第二种可能会导致谐波增加的机制是变压器的电压响应，如图 6.1 所示。当使用电流源逆变器时，如果控制电网与孤岛断开的开关位于变压器的一次侧，如图 6.2 所示，变压器的二次侧将受到光伏逆变器输出电流的激励。然而，由于变压器的磁滞和其他非线性特性，其电压响应会高度失真[8]，同时会增加 PCC 处电压的 THD。类似地，在局部负载中也可能存在非线性因素，例如整流器，这会同样地造成 PCC 处的电压失真。这些非线性效应通常会产生显著的 3 次谐波。因此，在实际中使用这种方法时，通常是监测的 3 次谐波。当负载具有低通特性时，此方法将会不起作用；同时，这种方法在发电机负载分流无功电流时也容易失效；而当逆变器具有高质量、低失真输出时，该方法也可能失败。

6.3.4 电流谐波检测

光伏逆变器还会产生一些电流谐波，这种谐波可以使用类似技术监测。

对于典型地存在于逆变器中的孤岛效应，其主动检测方法通常包含用于稳定电压、频率或阻抗测量的有源电路，如以下章节所述。

6.3.4.1 阻抗测量

这些也被称为功率偏移、电流陷波或输出变化。在图 6.1 和图 6.2 中，光伏逆变器可以作为电流源给出：

$$i_{PV-inv} = I_{PV-inv}\sin(\omega_{PV}t + \Phi_{PV}) \tag{6.4}$$

有三个参数可以变化：i_{PV-inv}、ω_{PV}和 Φ_{PV}。在输出变化中，I_{PV-inv}的电流幅值会发生变化。当 DPV－GT 连接到电网时，电流幅值变化会引起电压扰动，最终会导致功率的扰动，由下式给出：

$$\Delta V = (\Delta P/2) \cdot \mathrm{Sqrt}(R/P) \tag{6.5}$$

当电网断开时，会引起 PCC 上的电压变化从而防止孤岛效应的发生。如果分析并评估这种变化，它基本上是阻抗的变化，如下所示：

$$Z = \mathrm{d}V_{PCC}/\mathrm{d}I_{PV-inv} \tag{6.6}$$

式（6.6）基本上是由逆变器评估的阻抗，因此给出名称阻抗法[1]。将逆变器加载到 UVP/OVP 的极限就可以实现 V_{PCC}的变化。检测孤岛效应所需的最小电流偏移量等于 UVP/OVP 整个窗口的大小。因此，对于 10% 的 V_{PCC}变化，I_{PV-inv}的 20% 变化是必要的。对于单个逆变器的配置，强烈推荐使用这种方法，因为在负载阻抗大于电网阻抗的任何局部负载情况下，NDZ 相对较小。当电网断开并且逆变器的功率和负载达到平衡时，逆变器电压的变化将导致 UVP 跳闸。然而，对于多个逆变器，阻抗法将会失效，因为 PCC 处的电压及其变化产生的扰动不足以使 UVP 跳闸。

示例

图 6.5 a 是单个逆变器的输出，图 6.5b 是 50 台非同步逆变器的输出。

该系统用于将输出功率在每 20 个时间单位减少 20%。单个逆变器可能不会发生孤岛效应，因为 20% 的功率下降很可能导致电压下降的幅度足够大，从而引起 UVP 跳闸。然而，图 6.5b 显示了 50 台逆变器产生的功率，所有的情况都与图 6.5a 相同，除了 20% 的功率“扰动”不同步。50 台光伏逆变器的平均功率的最大变化小于 2%，并且 UVP 可能检测不到它的跳闸条件。对于阻抗较高的情况，NDZ 的窗口也必须设置得更高。

6.3.4.2 特定频率下的阻抗检测

这也称为谐波振幅跳跃法，是谐波检测方法的一种特殊情况。这种方法是有效的，因为逆变器将特定频率的谐波电流注入 PCC。当连接电网并到了且电网阻抗小于负载阻抗时，特定频率的谐波电流流过电网，同时不会出现电压变化。当电网断开时，该电流流过负载。如果负载是线性的（例如，像 *RLC* 的并联组合），则可以向 PCC 注入谐波电流。然后，可以通过检测该谐波特定的电压以启动跳闸。由于谐波电压与负载的阻抗和特定频率的谐波电流成比例，因此称为特定频率的阻抗检测。该方法与谐波检测方法有相似的特点。NDZ 区域和谐波检测方法类似。可以注入次谐波电流，但是对于这种情况，电网可能存在问题。

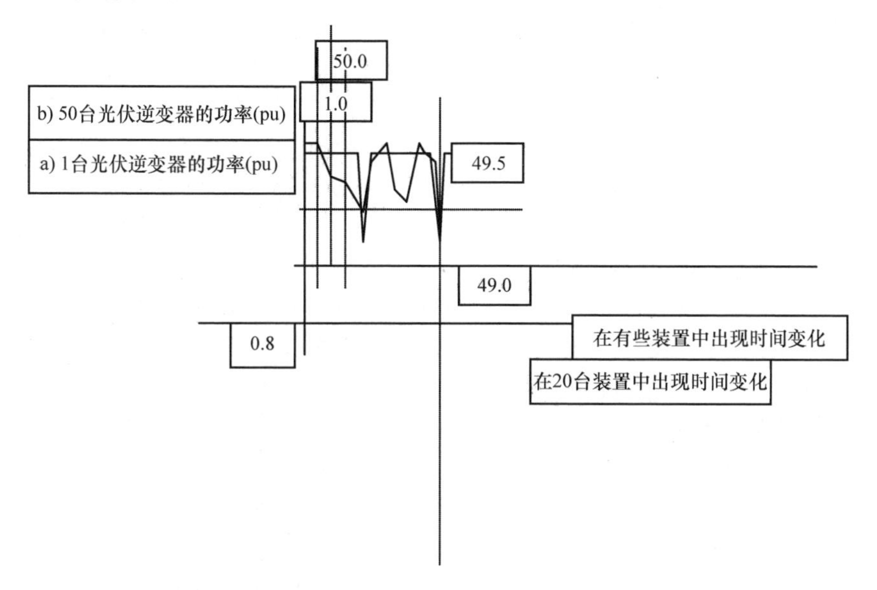

图 6.5 与阻抗法不同步的 50 台逆变器出现故障

6.3.4.3 滑模频移（SMS）

这种方法也称为滑动模式频移、PLL 滑移或跟随方法。当电网未连接时，SMS 用于施加正反馈以使逆变器不稳定，从而防止稳态长时间运行。如式（6.4）所示，PCC 电压的三个参数都可以进行正反馈：振幅、频率和相位。SMS 用于对 V_{PCC} 的相位进行正反馈，以便使相位偏移，从而让短期频率发生变化。电网的频率则不受此方法的影响。该方法易于实现且具有很小的 NDZ，适用于 DPV - GT 系统中的多个逆变器，但该方法会降低电能质量并引入瞬态响应问题。

6.3.4.4 频率偏差

频率偏差［也称为主动频率漂移（AFD）或频率上移/下降］可通过基于微处理器的控制器轻松实现。注入 PCC 的电流有些失真，导致的频率漂移被允许远离 ω_0，从而使 OFP/UFP 能检测出。因为市面上有微控制器，所以这种方法实际上很容易实现。频率偏差的上/下移动会使电能质量受到严重影响，继而引起不连续的电流失真，从而造成传导和辐射的射频干扰。

6.3.4.5 频率漂移（FS）

对于检测并网 DPV - GT 和光伏逆变器孤岛效应，传统的频率漂移方法是：

1）频率主动漂移法；

2）滑模式频移法。

上述两种方法在某些并联的 *RLC* 负载下可能失效，可以采用自动相移法来缓解此问题。该方法是基于正弦逆变器输出电流的相移。当电网出现故障时，相移算法保持逆变器端子电压的频率偏移，直到保护电路被触发。

6.3.4.6 电压漂移（VS）

这也称为电压正反馈或跟随方法。正如上文所示，这是将正反馈应用于 PCC 处的电压的第三种方法。如果 V_{PCC}的方均根值降低，则逆变器会降低电压的幅度，从而降低逆变器提供的功率。但是，如果和电网连接，那么在功率降低时几乎没有区别。如果电网断开并且 V_{PCC}的幅度有所减小，通过 *RLC* 电路的欧姆定律验证后可知，这会导致电流的减小，进而导致光伏逆变器电流的减少，最终可以通过 UVP 方案检测到 V_{PCC} 幅度的减小。OVP/UVP 方案也可以检测到光伏逆变器功率的增加或减少，但 UVP 的跳闸这一点更好，因为断开连接可以避免对负载设备造成损坏。该方案适用于具有 OVP/UVP 或 OFP/UFP 机制的单个或多个逆变器方案。这种 VS 方案和 UVP 与 UFP 联合使用时非常有效，因为对于多个逆变器而言，基于微控制器的方法易于实现。VS 和 FS 方法在防止具有 NDZ 的 DPV - GT 系统中的孤岛效应方面非常有效。该方案的 NDZ 和 OVP/UVP、OFP/UFP 的四象限方案类似，但是 NDZ 的总面积相对较小，并且负载的 Q 值对该方法的运行影响不是很明显。

6.3.4.7 频率跳变（FJ）

这也称为 Zebra 方法，类似于频率偏差法。该方法也与阻抗测量方法相似。死区被插入到 FJ 方法的输出电流中，但不是在每个周期内都插入死区。因此，输出电流的频率有时会根据指定的模式而抖动。这可能发生在第五个周期，在某些情况下会实施一个更复杂的方案。如果连接到电网，频率跳变会导致逆变器电流的变化，但是这是由 PCC 处的电网电压进行控制的。当与电网断开时，FJ 方法用与偏置方法相同的方式检测孤岛效应，或者通过检测 PCC 处与逆变器使用的抖动模式相匹配的电压频率。如果 FJ 方法模式复杂，它可以作为单个逆变器 DPV - GT 系统的强大防孤岛方案，如果使用多个逆变器，则可能失败，因为每个单独的逆变器方案的效果会相互抵消，导致 FJ 检测方法的失败。因此，该方案对于单逆变器情况具有绝对零 NDZ，但在多逆变器方案中将会失效。

6.3.4.8 ENS 或 MSD（使用多种方法的装置）

可以使用一种智能方案，通过将类似于自适应滤波法或观测法的自适应系统添加到单个方案中。为了成功地实施防孤岛检测方案，目前大量的研究仍在进行。

与逆变器无关的方案一般是由电网来控制，或者在必要时，在逆变器和电网之间进行通信来控制逆变器停止运行。

6.3.4.9 阻抗插入

这也称为电阻插入法或电抗插入法，如图 6.6 所示。开关为常开（NO）。当开关打开，断开与电网的连接时，电容器开关为常闭（NC），延迟很短。如果本地延迟是防止孤岛检测的类型，那么在电路中接通的大电容将导致电网和 DPV - GT 之间的平衡发生偏移，这会引起相位的跳变，从而引起 ω_{res}的跳变，这使得可以通过 UFP 方案检测孤岛效应。而使用较大的电阻可能会引起 PCC 处电压幅度的跳跃，从而启动 OVP 方案。该系统易于实现，只有电容器组（如果不可用）的唯一缺点可能增加这种方案的实施总成本。然而，许多这样的电容器组已经可以用于功率因数的无功功率校正。对于 DPV - GT 系统的这种方案，必须密切监测 NDZ 的最小变化。

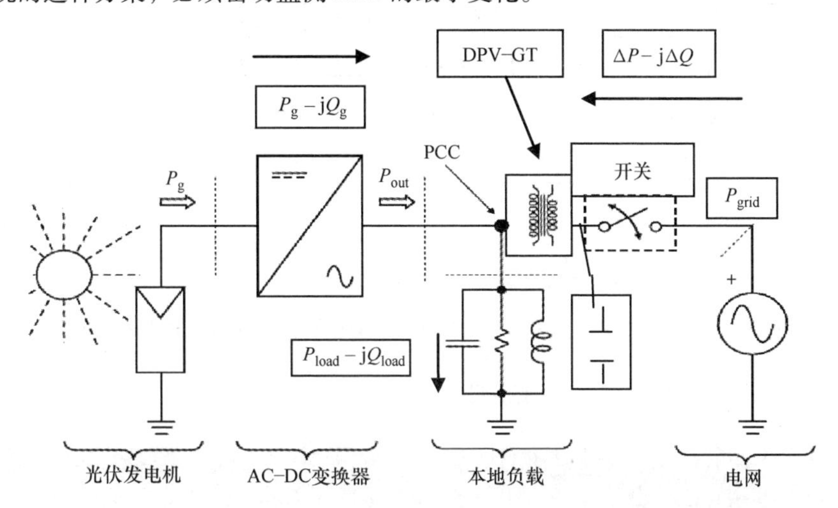

图 6.6　在 DPV - GT 之前，使用电容器组插入开关的电阻插入方法，如本地负载侧所示

6.3.4.10　电力线载波通信（PLCC）

在通信丢失的情况下自动跳闸，其中在单个传输跳闸信号（无冗余）导致通信丢失（10s），则需要立即跳闸（即不能保证在通信丢失的情况下防止孤岛效应的发生）。

PLCC 通过发送器（T）将低电平信号从电网侧发送到本地负载侧，在 DPV - GT 以外的本地负载侧通过接收器（R）来接收，从而防止孤岛效应，如图 6.7 所示。如果与电网断开连接，则 R 不会检测到 T 发送的信号，可以发出警报来提醒操作员出现了孤岛效应，从而使逆变器断开连接。这可以分别通过自身的开关使光伏逆变器和负载断开连接来手动启动。随着 DPV - GT 系统的普及率提高，该方法使无 NDZ 的应用更为广泛。

6.3.4.11　监控和数据采集（SCADA）

这是预防孤岛效应的合理选择。大多数电网使用最高电压级别的仪表控制孤岛效应，所以 DPV - GT 也使用 SCADA 及其电网设施。光伏逆变器具有进行电压监测的相关传感装置。因此，当出现电压变化时，OVP/UVP 系统已经做好准备来检测孤岛效应。在某些情况下，可以使用自动重合闸开关与逆变器相配合，从而避免异相重合闸。因此，这些相位变化可与 OFP/UFP 系统相协调，利于进一步实施反孤岛效应的动作。另外，利用系统中的 SCADA，电网可以在时域和频域上对防止孤岛效应进行更好的控制。如果提供了所有必要的仪器，那么 SCADA 应该提供更容易、更好的监测和控制，以防止 DPV - GT 并网系统发生孤岛效应。如果采取连接多个逆变器的方案以实现更高功率的容量，那么在 DPV - GT 系统的变电站级增加 SCADA 将是一项很复杂的操作。但是，

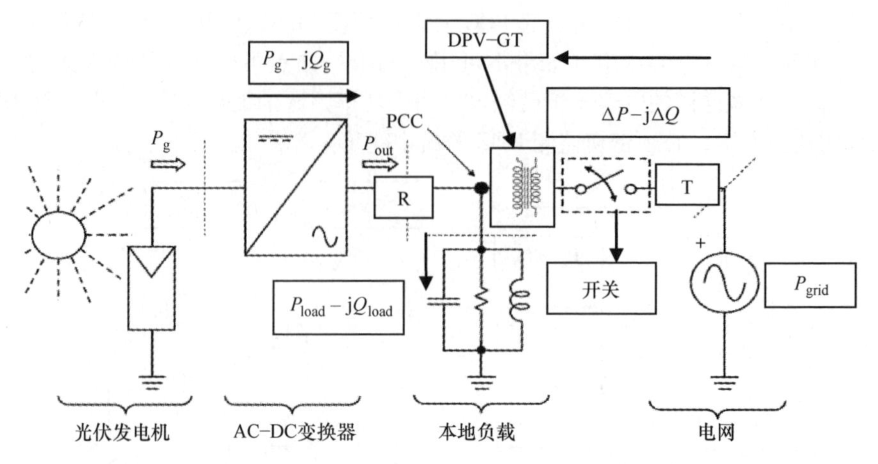

图 6.7 带电网侧的发送器（T）和本地负载侧的接收器（R）的 PLCC

如果操作正确，该系统在 NDZ 上几乎没有任何缺点。

参考文献

1. Bower, Ward, and Ropp, Michael, Evaluation of islanding detection methods for utility-interactive inverters in photovoltaic systems, Sandia Report, SAND2002-3591 unlimited release, November 2002.
2. Kern, G., Bonn, R., Ginn, J., Gonzalez, S., Results of SNL grid-tied inverter testing, *Proceedings of the Second World Conference and Exhibition on Photovoltaic Solar Energy Conversion*, Vienna, Austria, July 1998.
3. Ropp, M. E., Begovic, M., Rohatgi, A., Determining the relative effectiveness of islanding prevention techniques using phase criteria and non-detection zones, *IEEE Transactions on Energy Conversion* 15(3), September 2000, 290–296.
4. Begovic, M., Ropp, M., Rohatgi, A., Pregelj, A., Determining the sufficiency of standard protective relaying for islanding prevention in grid-connected PV systems, *Proceedings of the 26th IEEE Specialists Conference,* September 30–October 3, 1997, pp. 1297–1300.
5. Kobayashi, H., Takigawa, K., Statistical evaluation of optimum islanding preventing method for utility interactive small scale dispersed PV systems, *Proceedings of the First IEEE World Conference on Photovoltaic Energy Conversion (1994),* pp. 1085–1088.
6. IEEE Standard 929-2000, IEEE recommended practice for utility interface of photovoltaic (PV) systems, Sponsored by IEEE Standards Coordinating Committee 21 on Photovoltaics, IEEE Standard 929-2000, Published by the IEEE, New York, April 2000.

7. Jones, R., Sims, T., Imece, A., Investigation of potential islanding of dispersed photovoltaic systems, Sandia National Laboratories report SAND87-7027, Sandia National Laboratories, Albuquerque, NM, 1988.
8. Kobayashi, H., Takigawa, K., Hashimoto, E., Method for preventing islanding phenomenon on utility grid with a number of small scale PV systems, *Proceedings of the 21st IEEE Photovoltaic Specialists Conference (1991)*, pp. 695–700.
9. Best, R., *Phase-locked loops: Theory, design, and applications*, 2nd. ed., McGraw-Hill, New York, 1993.
10. Brennan, P. V., *Phase-locked loops: Principles and practice*, Macmillan, New York, 1996.
11. Ranade, S. J., Prasad, N. R., Omick, S., Kazda, L. F., A study of islanding in utility-connected residential photovoltaic systems, Part I: Models and analytical methods, *IEEE Transactions on Energy Conversion* 4(3), September 1989, 436–445.
12. Wills, R. H., The interconnection of photovoltaic systems with the utility grid: An overview for utility engineers, Sandia National Laboratories Photovoltaic Design Assistance Center, publication number SAND94-1057, October 1994.
13. Handran, D., Bass, R., Lambert, F., Kennedy, J., Simulation of distribution feeders and charger installation for the Georgia Tech Olympic electric tram system, *Proceedings of the Fifth IEEE Workshop on Computers in Power Electronics*, August 11–14, 1996, pp. 168–175.
14. Grebe, T. E., Application of distribution system capacitor banks and their impact on power quality, *IEEE Transactions on Industry Applications* 32(3), May/June 1996, pp. 714–719.
15. Becker, H., Gerhold, V., Ortjohann, E., Voges, B., Entwicklung, aufbau und erste testerfahrung mit einer prüfeinrichtung zum test der automatischen netzüberwachung bei netzgekoppelten wechselrichtern. *Progress in Photovoltaics*.
16. Yuyama, S., Ichinose, T., Kimoto, K., Itami, T., Ambo, T., Okado, C., Nakajima, K., Hojo, S., Shinohara, H., Ioka, S., Kuniyoshi, M., A high-speed frequency shift method as a protection for islanding phenomena of utility interactive PV systems, *Solar Energy Materials and Solar Cells* 35, 1994, 477–486.
17. Ropp, M., Begovic, M., Rohatgi, A., Prevention of islanding in grid-connected photovoltaic systems, *Progress in Photovoltaics* 7, 1999, 39–59.
18. Wyote, A., Belmans, R., Leuven, K., Nijs, J., Islanding of grid-connected module inverters, *Proceedings of the 28th IEEE Photovoltaic Specialists Conference*, September 17–22, 2000, pp. 1683–1686.
19. Chakravarthy, S. K., Nayar, C. V., Determining the frequency characteristics of power networks using ATP, *Electric Machines and Power Systems* 25(4), May 1997, 341–353.
20. Stevens, J., Bonn, R., Ginn, J., Gonzalez, S., Kern, G., Development and testing of an approach to anti-islanding in utility-interconnected photovoltaic systems, Sandia National Laboratories report SAND2000-1939, Albuquerque, NM, August 2000.
21. Kitamura, A., Okamoto, M., Yamamoto, F., Nakaji, K., Matsuda, H., Hotta, K., Islanding phenomenon elimination study at Rokko test center, *Proceedings of the First World Conference on Photovoltaic Energy Conversion, 1994*, pt. 1, pp. 759–762.
22. Kitamura, A., Okamoto, M., Hotta, K., Takigawa, K., Kobayashi, H., Ariga, Y., Islanding prevention measures: demonstration testing at Rokko test center for

advanced energy systems, *Proceedings of the 23rd IEEE Photovoltaic Specialists Conference*, 1993, pp. 1063–1067.
23. Toggweiler, P., Summary and conclusions, *Proceedings of the IEA-PVPS Task V Workshop "Grid Connected Photovoltaic System,"* September 15–16, 1997, pp. 15–17.
24. Ropp, M., Aaker, K., Haigh, J., Sabbah, N., Using power line carrier communications to prevent islanding, *Proceedings of the 28th IEEE Photovoltaic Specialists Conference*, September 17–22, 2000, pp. 1675–1678.
25. Riley, C., Lin, B., Habetler, T., Kilman, G., Stator current harmonics and their causal vibrations: A preliminary investigation of sensorless vibration monitoring applications, *IEEE Transactions on Industry Applications* 35(1), January–February 1999, 94–99.
26. Ropp, M., Bonn, R., Gonzalez, S., Whitaker, C., Investigation of the impact of single-phase induction machines in islanded loads—Summary of results, Sandia National Laboratories SAND Report, Albuquerque, NM, 2002.
27. UK Engineering Recommendation G83/1 September 2003, Recommendations for the connection of small-scale embedded generators (up to 16 Amps per phase) in parallel with public low-voltage distribution networks.
28. DISPOWER project (Contract No. ENK5-CT-2001-00522), State-of-the-art solutions and new concepts for islanding protection, 2006 (http: / / www.pvupscale.org).
29. IEA PVPS Task V, report IEA-PVPVS T5-07: 2002, Probability of islanding in utility networks due to grid connected photovoltaic systems.
30. IEA PVPS Task V, report IEA-PVPS T5-09: 2002, Evaluation of islanding detection methods for photovoltaic utility-interactive power systems.
31. Woyte, A., De Brabandere, K., Van Dommelen, D. l, Belmans, R., Nijs, J., International harmonization of grid connection guidelines: Adequate requirements for the prevention of unintentional islanding, *Progress in Photovoltaics: Research and Applications* 11, 2003, 407–424.
32. Köln, K., Grabitz, A., Kremer, P., Kress, B., Five years of ENS (MSD) islanding protection—What could be the next steps?, *Proceedings of the 17th European Photovoltaic Solar Energy Conference and Exhibition*, Munich, 2001.
33. IEA PVPS Task V, report IEA-PVPS T5-08: 2002, Risk analysis of islanding of photovoltaic power systems within low voltage distribution networks.
34. IEC 61508: Functional safety of electrical / electronic / programmable electronic safety-related systems, 1998.
35. prEN 50438: Requirements for the connection of micro-generators in parallel with public low voltage distribution networks (CENELEC Final Draft), 2007.

第7章 分布式光伏电网变压器的继电保护

7.1 分布式光伏电网变压器的保护

在配电或配电下一级别中添加 DPV 能源会影响继电系统，使其超出公共耦合点（PCC）。通常保护系统是为传统的放射型电路而设计的。其他需要考虑的方面归因于功率双向流动、故障级别的增加、安全性、电压骤升、波动和瞬变、设备额定值和自动重合闸。这些会影响继电保护配置方案。像 DPV 这样的分布式资源添加到系统时，它必须像 DPV 系统一样安全可靠地运行。

目前，全球的大部分配电系统都采用放射式配置运行，并且功率仅在一个方向上流动，尤其是在美国和欧洲。DPV 的安装不会改变系统的拓扑结构，但功率将在多个方向上流动。它最大的作用是可以保护配电系统。现有的保护方案都比较简单，例如使用熔断器（如本章末尾的问题1所示）用于保护分支，并且熔断器由主馈回路上的重合器或变电站的断路器提供支撑。这种简单的方案对于 DPV 并不总是起作用。建立能够适应不断变化的配电系统结构的改进型保护策略，是至关重要的。这些将取决于为了保护系统而在主要位置上的数据测量以及这些数据与智能继电器间的通信。因此，保护将成为配电自动化系统的一部分。大量的 DPV 接入系统也可能会引起稳定性和频率控制方面的问题。仅与输电系统相关的问题也将变得和配电系统有关。因此，在配电系统中采用新技术运行和管理智能电网是必需的。

分布式光伏电网变压器（DPV - GT）应用广泛。为 DPV - GT 提供的保护方法类型取决于 DPV - GT 的千伏安（kVA）等级及其重要性。用于小型照明变压器的唯一保护可能是熔断器形式，而连接 33kV 电站的 DPV - GT 则需要精心复杂的保护。

DPV 系统保护可能受到以下因素影响：

1）配电系统设计用于单向的放射型电流流动和单向传感检测；

2）星形联结的 DPV - GT 中的接地损耗；

3）在现有的放射型标准化配电系统中增加 DPV 系统；

4）过电压保护（OVP）/欠电压保护（UVP）条件下控制电压的变化；

5）孤岛效应现象；

6）修订现有的自动重合闸方案；

7）断路器故障和由于增加的 DPV - GT 而导致的时间的变化；

8）整个配电系统的稳定性。

表 7.1 和表 7.2 总结了变压器的保护方案，以及各种保护方案的应用。

表 7.1 DPV - GT 上的外部和内部故障

内部故障	外部故障
相位故障	系统相位故障
接地故障	系统接地故障
闸间故障	切换负载时的励磁涌流
过载：OTLC 失败	过电压
过激励	低频现象
油箱漏油	直流偏置
箱体和部件	谐波

表 7.2 各种原因造成故障的比例

低频状态	33%
直流偏置	10%
谐波	33%
过电压	20%
切换负载时的励磁涌流	4%

对于源自变压器的故障，由于上述各种原因造成的故障大致比例如表 7.2 所示。因此，为了使 DPV 方案的运行更加可靠，OVP/UVP 和 OVF/UFP 是必不可少的。

7.2 保护方案的应用

7.2.1 主要的故障备份

以下内容用于备份：相位故障、比率差动继电器、过电流/远距离、接地故障、比率差动继电器、匝间故障、气体继电器和油泄漏。

7.2.2 监控真实负载

变电站计量方案必须设计为可以监测电路和变压器的真实负载（规划可见性）。

设备不允许过载，也不允许出现特殊保护（操作）跳闸的方案，上述方案可以提供更能灵活变化（每小时）的变压器负载（过载跳闸方案从未在变压器上使用）。

7.2.3 直接传输跳闸（DTT）的通信要求

当发电机无法检测到线路部分的接地或相位故障时，DTT 是必备的，这可以使发电机在 1.5~2.0s 内与电网系统断开连接，或者当无法检测到孤岛状态时在 2.0s 内跳闸。

7.3　继电保护

市场上有一些紧凑型多功能继电器，其中包含用于保护超高压/高压配电网设施和设备（如变压器、发电机和电动机）的必要元件，如图 7.1～图 7.4 所示。这些可以通过通信功能（CC-Link）连接到监控系统。

图 7.1　与 DPV 电路相邻的电路故障的保护继电器

图 7.2　与 DPV 电路相邻的电路故障的电压继电器

不同的继电器分类如下：

1）过电流继电器（OCR）：从单相到三相的 OCR 在市场均可以买到，其中三相 OCR 包含接地故障保护。它们适用于各种电网接地系统的过电流保护。

2）电压继电器：这些含有欠电压、过电压和接地故障过电压保护必要元件的装置也可在市场上购买到，同时也适用于配电母线保护等。

3）馈线保护继电器：该系列的产品包含必要的过电流和接地故障保护单元，它用于非接地电力系统的馈线保护。馈线保护可能就只有一个单元。

4）用于保护变压器的偏置差分继电器：偏置差分继电器用于变压器保护，适用于各种联结形式的变压器。

图 7.3　与 DPV 电路相邻的电路故障的馈线保护继电器

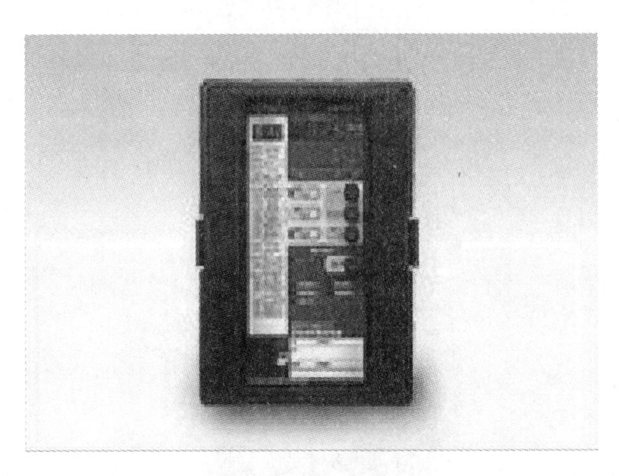

图 7.4　与 DPV 电路相邻的电路故障的偏置差分继电器

7.4　光伏发电系统接地故障保护

美国国家电气规范（NEC）要求，住宅屋顶上的光伏发电系统必须安装接地故障保护（检测和中断）设备（GFPD）。而地面安装的系统不需要具有类似的保护，因为大部分并网逆变器系统都包含所需的 GFPD。接地故障检测和中断电路通过关闭逆变器来检测接地故障电流，并进行故障电流隔离和太阳能电力负载隔离。这项技术目前正在发展中，预计在今后，将成为强制性的安装要求。

7.4.1　孤岛效应的注意事项

通过将公用变电站与连接到电网的 DPV - GT 分离，该电站会成为一个孤岛。除非是在有目的的情况下操作，一般都不支持孤岛效应的发生。在这种情况下，需要具备以下继电方案：

1）使用备用设置组件进行孤岛操作的数字继电器；

2）当传统的过电流保护不起作用时，欠电压保护可以提供延时保护；

3）孤岛系统的再同步。

7.4.2　用于 DPV 保护的继电器、熔断器和线路闭合方法

添加到给定配电系统中的 DPV 系统，可能需要定时协调，在整个电路设计中包括定向的电流继电器，因为现有配电系统中的故障会因快速或慢速继电器和重合器而影响并联 DPV 系统中继电器的运行。定时协调是一个需要考虑的重要因素，因为这不会造成系统停止工作，否则系统停止工作就会给客户造成不必要的服务中断。在本章末尾的问题 1 中，阐述了这种方法以说明效果。

7.4.3　对于备用熔断器方案的影响

仅仅通过使用备用的熔断器，或者在断路器处串联重合器，或者使用线路重合器，配电系统中的 DPV 系统就能对熔断器的节约使用的方案造成影响。重合闸有助于清除如树木接触线路时的临时故障，而不是永久性的中断服务。在这种情况下，设置架空熔断器用于额外的保护或分段保护。在熔断器可能损坏之前，通过前级的断电装置提前断电，同时利用电路中的备用熔断器解决临时故障。然后，重合闸装置重新恢复熔断器以外的电力。然而，由于 DPV 系统产生的故障电流，DPV 系统的增加可能会影响重合闸装置与熔断器之间的时序协调。在本章末尾的问题 2 中给出了这一机制的案例说明。

参考文献

1. Impact of distributed resources on distribution relay protection, A report to the Line Protection Subcommittee of the Power System Relay Committee of the IEEE Power Engineering Society, prepared by working group D3, April 2004.
2. Venkata, S. S., Pahwa, A., Brown, R. E., Christie, R. D., What future distribution engineers need to learn, *IEEE Transactions on Power Systems* 19(1), February 2004, 17–23.

3. Chao, X. H., System studies for DG projects under development in the US, summary of the panel discussion, IEEE Summer Power Meeting, Vancouver, BC, Canada, 2001.
4. Mozina, C. J., Interconnect protection of dispersed generators, *Proceedings of the Georgia Tech Relay Conference*, May 1999.
5. IEEE Standard 1547-2003, IEEE standard for interconnecting distributed resources with electric power systems.
6. Pettigrew, B., Interconnection of a "Green Power" DG to the distribution system, a case study, *Proceedings of the Georgia Tech Relay Conference*, May 2003.
7. ANSI C84.1. Electric Power Systems and Equipment—Voltage ratings (60 Hz).

第 7 章的练习

1. 考虑图 7.5 所示的电路。如图所示，配电电路 1 发生三相接地故障。找到由该图验证的 750A 系统的贡献。建议选择合适的重合器和断路器，以避免 DPV 回路断开。

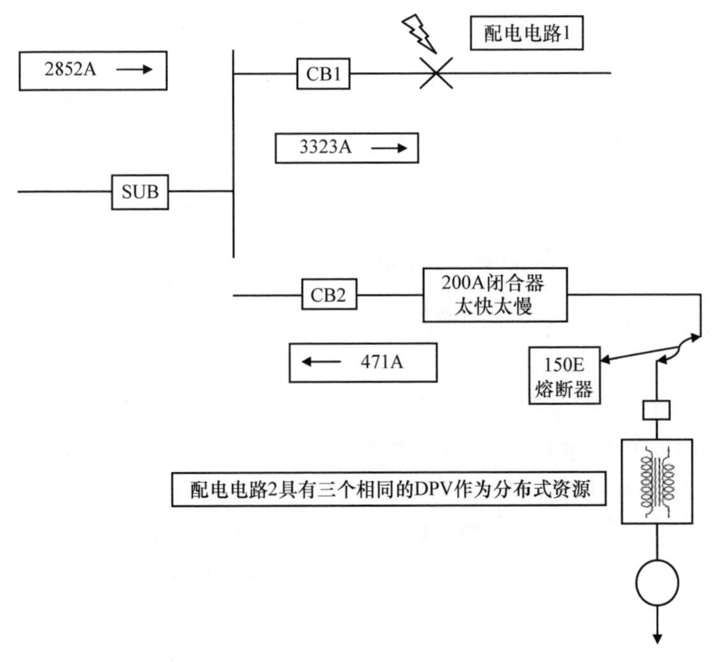

图 7.5　与 DPV 电路相邻的电路故障

2. 考虑图 7.6 中的备用熔断器方案。如图 7.7 所示的方法添加了 DPV 系统。假设分支中有来自于已熔断的 150E 熔断器的三相故障。计算总故障电流，并评估该方案是否能够通过添加 DPV 系统来充分保护系统。预期的总故障电流为：

$$系统\ I_{\text{fault}} = 3000\text{A}$$

$$配电\ \text{DPV}_{\text{fault}} = 300\text{A}$$

$$总故障电流 = 3300\text{A}$$

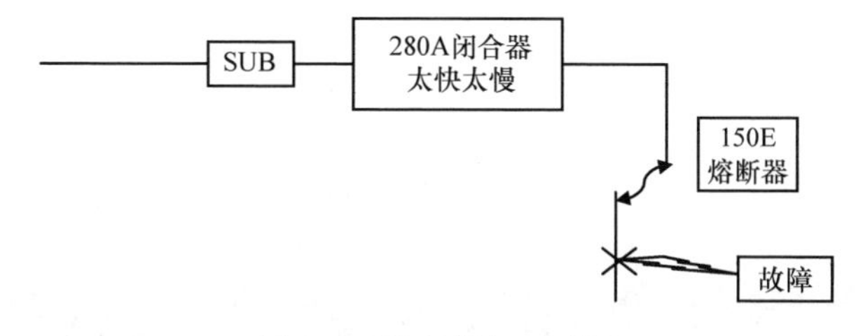

图7.6　熔断器备用示例

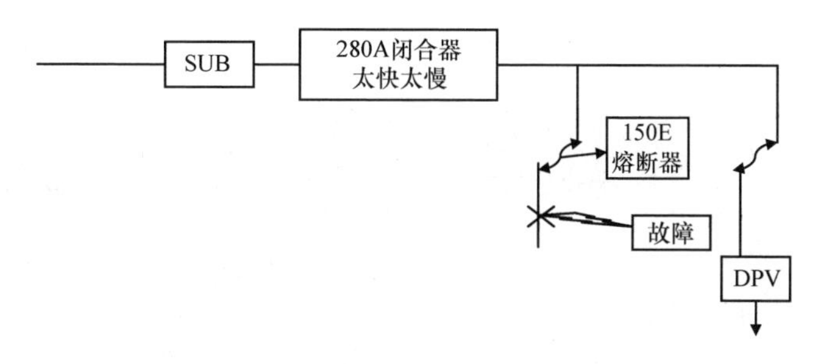

图7.7　DPV系统中增加的备用熔断器示例

第8章

分布式光伏电网变压器中的直流偏置

8.1 直流注入电网

DC－AC逆变器在整体设计中采用变压器来消除可能注入电网的直流偏置。在实现这一基本功能时，分布式光伏电网变压器（DPV－GT）起着重要的作用。由于对高效率、低成本以及尺寸的要求，许多商业化逆变器的设计中没有变压器。在这种情况下，去除直流偏置的更好方法是设计滤波器。

直流注入电网是由设计较差的并网逆变器所引起的。变压器和逆变器可以特别设计以消除直流注入交流电网。高直流注入可能会引起变压器饱和，同时也可能导致变压器跳闸或者降低其使用寿命和效率、触发计量误差以及电缆的发热和燃烧。逆变器通常有两种类型的变压器来提供电气隔离：①低频变压器（LFT）和②高频变压器（HFT）。在电网中负载和器件产生偶次谐波，这些负载和器件表现出不对称的 $i-v$ 特性，如图8.1所示。

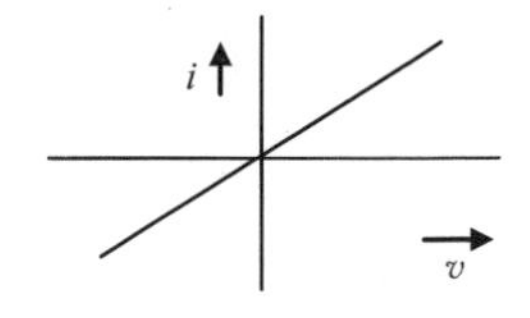

图8.1　负载和器件的不对称 $i-v$ 特性，其中 $i(v) \neq -i(-v)$

偶次谐波的来源可能是三相半波控制桥、交流电弧炉、包含DC－DC变换器的三相整流器、六脉冲同波变换器和半波整流器。

电网中的直流电流分类如下：

1）由半波整流器等电路产生的对称直流电流，用于调光器和荧光灯高频镇流器；

2）不对称直流电流由使用直流电源而不进行电隔离的分布式发电机（DG）系统中的接地故障产生，或由逆变电路中的漏电流产生。

一个大而重的50Hz LFT除了可以提供电气隔离，还可以避免向交流侧注入直流。各种标准和准则都定义了由离网光伏（SPV）发电系统供电的电网中允许的最大直流分量。

直流注入限制在0.5%（美国、澳大利亚和意大利）、1%（欧洲、泰国和比利时）和1A（德国）以内。因为BIS发布的大多数印度标准符合IEC标准，所以BIS在印度标准中提出的高达1%的直流注入，也符合IEC 61727标准。

当直流偏移导致放大器工作点饱和或变化时，通常不希望出现直流偏移。电气直流偏压不会通过变压器；因此，我们可以使用简单的隔离变压器来阻止或消除它，而在变压器的另一侧仅存在交流分量。在信号处理方面，高通滤波可以实时降低直流偏置。当已经有整个波形时，在每个周期中减去平均幅值就可以消除偏移。通常，将非常低的频率称为缓慢变化的直流或基线偏移。

当基准电压波形中包含偶次谐波或者参考电压正负不平衡时，逆变器设计中的脉宽调制（PWM）会产生直流偏置。当使用参考电压波形的过零点来实现逆变器与电网同步时，参考电压的失真尤其突出。

在温度低于0℃的极冷条件下，电网和太阳能发电系统可能会发生故障并导致出现直流过电压的情况。在直流母线超过指定的最大电压的情况下，比如600V的系统，必须关闭逆变器，并将太阳电池板与直流母线断开，以保护指定额定电压下的电容器、断路器和导线绝缘等辅助设备。

这种直流偏置严重影响了DPV-GT和用于测量的相关电流互感器。谐波增加、损耗增加、噪声等级提高和半周期饱和都会导致很大的一次电流和很大的励磁涌流。

DPV-GT的系统信号中的直流分量受到所使用的不同变压器拓扑，PWM控制参数如调制频率和调制幅度，以及电网系统信号中普遍存在的谐波的影响。实验结果表明，调制频率指数（FOMI）直接控制了直流的大小。随着FOMI的增大，直流减小。虽然调制幅度指数（AOMI）和直流分量没有直接的关联，系统电网信号中的谐波角度的影响也是如此。变换器的电平数在分配输出信号中的直流分量方面发挥着重要的作用。电平数（如两电平变换器）越低，直流分量越高。通常，对于500kVA、11/0.433kV配电变压器，单位功率因数（UPF）时的带载为50%，直流注入的典型上限值设为DC 40mA，总谐波失真率（THD）限制为5%。可以设置为更低的总谐波分量失真率。

对于不同的变换器拓扑结构如两电平、三电平或五电平，PWM参数如调制频率、调制比，电网电压波形中的偶次谐波如2次、4次、6次、8次、10次谐波，电压波形百分比在1%~10%之间的谐波，角度在0°~162°之间的谐波，分析表明：

1）直流电压与调制频率（MF）指数成正比。随着MF指数增加到33以上，直流电压降低，当MF指数为21时，直流电压最高。

2）调制幅度（AM）指数和直流电压之间没有关系。

3）谐波角度（HA）和直流电压之间没有关联。

4）最高的直流电压是由两电平变换器产生，介于0.6%~9.5%之间。

5）三电平变换器产生的直流分量下降了1%~2.5%。

6）五电平变换器的直流分量进一步下降，介于1.8%~2.2%之间。

7）对于高的MF指数（>45），直流电压小于1%。

8.2　直流电流对分布式光伏电网变压器的影响

当变压器的负载高达50%并以单位功率因数运行时，直流注入通常会导致DPV-GT系统的谐波失真。DPV-GT允许的最大直流注入量为5%，对于500kVA的变压器，意味着大约40mA的直流注入量。根据IEEE 1547规定，直流注入的另一限制是约为额定相电流的0.5%。对于高达3kVA和变比为1:1的环形变压器，高达额定电流的50%的直流电流不会造成任何局部停电的危险，因为DPV - GT的主熔断器能够避免这种情况的出现。此外，在约为85%额定值的大恒定交流电流和可变直流负载下工作，DPV - GT中电流谐波分量失真，可以上升到约13%，而不会对DPV - GT造成任何明显的损坏。

最后，将直流注入DPV - GT中会显著增加噪声水平，直到小于等于6dBa的声压。

参考文献

1. IEA PVPS Task V, report IEA-PVPS T5-01: 1998, Utility aspects of grid connected photovoltaic power systems.
2. IEA PVPS Task V, report IEA-PVPS V-1-01: 1996, Grid connected photovoltaic power systems: Status of existing guidelines in selected IEA member countries.
3. DISPOWER project (Contract No. ENK5-CT-2001-00522), International standard situation concerning components of distributed power systems and recommendations of supplements, 2005 (http://www.pvupscale.org).
4. DISPOWER project (Contract No. ENK5-CT-2001-00522), Identification of general safety problems, definition of test procedures and design-measures for protection, 2004 (http://www.pvupscale.org).
5. EN 61000-3-2:2006, Electromagnetic compatibility (EMC)—Part 3-2: Limits—Limits for harmonic current emissions (equipment input current ≤16 A per phase).
6. University of Strathclyde, Department of Trade and Industry (Distributed Generation Coordinating Group), DC injection into low voltage AC networks (Contract No. DG/CG/00002/00/00), June 2005 (http://www.dti.gov.uk/publications).
7. National Rural Electric Cooperative Association, Application guide for distributed generation interconnection: 2003 update—The NRECA guide to IEEE 1547, Resource Dynamics Corporation, April 2003.
8. IEEE 1547: 2003, IEEE standard for interconnecting distributed resources with electric power systems.
9. EN 61000-4-13: 2003, Testing and measurement techniques—Harmonics and interharmonics including mains signalling at AC power port, low frequency immunity tests.
10. Hotopp, R., Dietrich, B., Grid perturbations in a housing estate in Germany with 25 photovoltaic roofs, *Proceedings 13th EUPVSEC*, October 1995, Nice, France.
11. IEA-PVPS Task V, report IEA-PVPS T5-2: 1999, Demonstration test results for grid interconnected photovoltaic power systems.
12. IEC 62053-21: 2003, Electricity metering equipment (AC)—Particular requirements—Part 21: Static meters for active energy (classes 1 and 2).
13. Engineering recommendation G83/1 September 2003: Recommendations for the connection of small-scale embedded generators (up to 16 A per phase) in parallel with public low-voltage distribution networks.

第9章 热循环（负载）及其对分布式光伏电网变压器的影响

在美国的大部分区域，逆变器运行状态下，太阳能发电设备相当于连接了稳态负载。当太阳出来时，有一个衰减的反应过程使变压器上的负载更加恒定。整个过程由特定位置的辐射量控制，而变压器的空载操作则由一组完全不同的参数控制。

在一天中，随着太阳辐射量的变化，光伏电池产生的分布式能量并不是恒定的。间歇存在的云可能会影响某个点整体的辐照度。因此，全球不同地区之间电力传输的增加是可以预料的。在运行期间，变压器会随着负载的变化而发生升温或降温现象，该过程称为热循环。连接到这种电网的分布式光伏电网变压器（DPV - GT）通常容易受到负载变化的影响。这些负载可能是线性或非线性负载。非线性负载会引起电流总谐波失真（THD），进而增加损耗。这些负载的变化主要取决于一天中的不同时间，因为用户在一天的某些特定时间需要更多的电能。通常，在北美地区，负载周期会在一天中的早些时候出现上升趋势，例如上午6：00到上午8：00，然后从下午4：00到下午6：30。峰值电力传输产生的高电场强度与这些热循环结合后会对变压器的绝缘产生影响。未来的电网仍将部分由今天的部件组成，资产管理战略将用于在使用寿命快结束前更换变压器等部件。太阳能作为可再生能源，通常是通过诸如基于绝缘栅双极型晶体管（IGBT）和集成门极换相晶闸管（IGCT）的硅技术变换器连接到电网。这些变换器会引入瞬态尖峰到电网中。因此，对于连接到电网的像DPV - GT之类的变压器，在设计时，需要同时考虑温度循环和瞬变对变压器绝缘的影响。

太阳能发电系统通常以近乎接近其额定负载运行。由于相对于额定值的负载变化非常小，因此不会对变压器的运行造成不良影响，因而也不会导致决定线圈结构绝缘配合的参数恶化。一次和二次绕组所经受的力是普通寻常的，因此减少了机械结构设计中出现问题的可能性。

蓄电池与光伏发电系统中的变压器相互作用可以控制负载一致性，并减轻负载波动问题。

即使在热运行期间处理了谐波含量的损耗校正，但是由于谐波电流在绕组中的分布特性及其在热运行期间的差异性，热点温度可能无法代表实际情况。对于DPV - GT，CIGRE联合任务组推荐“扩展负载超负载运行”。

为了控制充满冷却油DPV - GT的热循环，通常用如图9.1所示的标准散热器来冷却。在不同因素的情况下，适当地选择与之配合的散热器和风扇，有助于有效地调节和

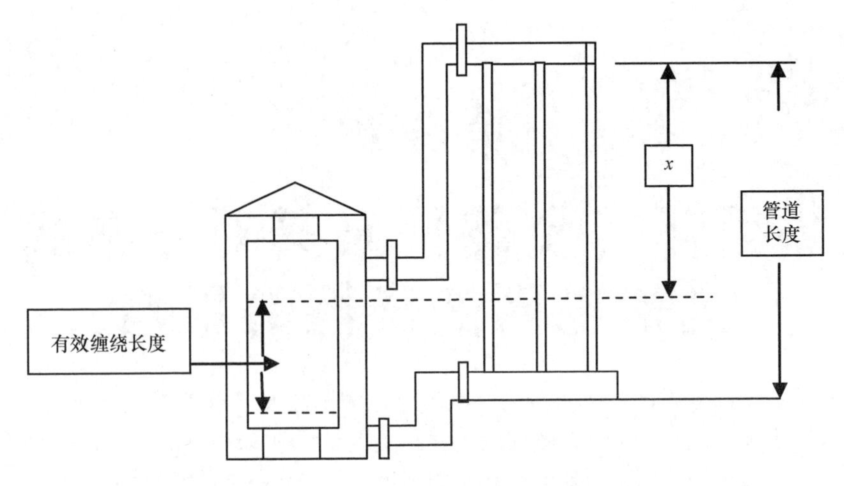

图 9.1 具有散热器管的变压器箱

监测热循环（见表 9.1 ~ 表 9.5）。

1）散热器上方有效绕组长度百分比由下式给出：

$$\text{散热器上方有效绕组长度百分比} = (100\times)/(\text{管长度}) \tag{9.1}$$

2）油灭弧（OB）冷却的最优空气系数 A_f 为 2.0，而强制油灭弧（OFB）冷却的 A_{ff} 为 2.81。这些系数通常用于初步计算来确定风扇。选择最合适的风扇后，采取合适的空气系数，再来计算实际所需的 OB 或 OFB 耗散。

3）额定耗散见表 9.1。所有的计算中，通常将箱体表面 0.55W/in²[⊖] 的耗散计算进来。

表 9.1 每个散热器的额定耗散

管道长度	每个散热器的管道数							
	52	56	60	64	68	72	76	80
6′0″	4.54	4.69	5.03	5.37	5.7	6.04	6.38	6.71
6′6″	4.71	5.07	5.44	5.8	6.16	6.52	6.89	7.25
7′0″	5.06	5.45	5.84	6.23	6.62	7.01	7.4	7.79
7′6″	5.41	5.83	6.25	6.66	7.08	7.5	7.91	8.33
8′0″	5.76	6.21	6.65	7.1	7.54	7.98	8.43	8.87
8′6″	6.11	6.58	7.06	7.53	8.0	8.47	8.94	9.41
9′0″	6.46	6.96	7.46	7.96	8.46	8.95	9.45	9.95
9′6″	6.82	7.34	7.87	8.39	8.92	9.44	9.97	10.49
10′0″	7.17	7.72	8.27	8.83	9.37	9.93	10.48	11.03
10′6″	7.52	8.10	8.68	9.26	9.83	10.41	10.99	11.57
11′0″	7.87	8.47	9.08	9.7	10.29	10.90	11.5	12.11
11′6″	8.22	8.85	9.49	10.13	10.75	11.38	12.02	12.65
12′	8.57	9.23	9.89	10.56	11.21	11.87	12.53	13.19

注：50℃温升为 kW（平均 0.179W/in²）。

⊖ 1in = 2.54cm，后同。

表9.2 不同冷却类型的修正系数

冷却类型	修正系数
ON	$H_f \times R_f \times T_f$
OFON	箱体 = 1.28
	散热器
	$1.28 \times R_f \times T_f$
OB	$H_f \times A_f$
OFB	箱体 = 1.28
	散热器
	A_{ff}

表9.3 有效绕组上方散热器百分比的修正系数

有效绕组上方散热器百分比	20	25	30	35	40	45	50	55	60	65	70	75	80	85	90	95
H_f	0.781	0.806	0.824	0.839	0.855	0.871	0.887	0.903	0.919	0.935	0.951	0.967	0.984	1.0	1.015	1.032

表9.4 选择风扇用于优化 DPV－GT 中的热循环效果

风扇直径/in	自由空气输送/(ft^3/min)①	40dB 称重下的噪声水平	每扇风扇的散热器数	最小管数/行数
30	11 950@900r/min	70dB@900r/min	2～3	54
36	16 050@700r/min	70dB@700r/min	2～3	64
42	20 300@560r/min	69dB@560r/min	3～4	74
48	25 600@560r/min	69dB@470r/min	4～5	80

① 1ft = 30.48cm，后同。

表9.5 管道尺寸和额定值（kW）

管道直径/in	ON 的散热器/kW	OB 的散热器/kW
2	9.5	14
3	20	30
4	35	52
5	54	81
6	77	115
7	101	151
8	130	195
9	162	243
10	195	295
11	230	345
12	270	405

9.1 无定向油流动的绕组梯度

表9.6说明了该系数：有效瓦数/平方英寸需要乘以所给出的高于顶部油温的梯度。这是在多云天气和特定地点间歇辐照度引起的热循环下，维持变压器适当冷却的必要步骤。另外，顶部油的面积是暴露于垂直管道的净面积加上暴露于水平管道的有效净面积的总和（表9.7）。

表9.6 图9.2中的盘式绕组无定向油流动下的绕组梯度系数

绝缘覆盖 MILS①	ON 和 OB 的系数	OFN 和 OFB 的系数
20	11	14.2
30	12.25	15.8
40	13.5	17.5
50	14.75	19.1
60	16	20.7
70	17.25	22.3
80	18.5	24.0
90	19.75	25.6
100	21	27.2
110	22.25	28.8
120	23.5	30.5
130	24.75	32.1
140	26	33.7
150	27.25	35.3
160	28.5	37
170	29.75	38.6
180	31	40.2

① 1×10^{-3}in。

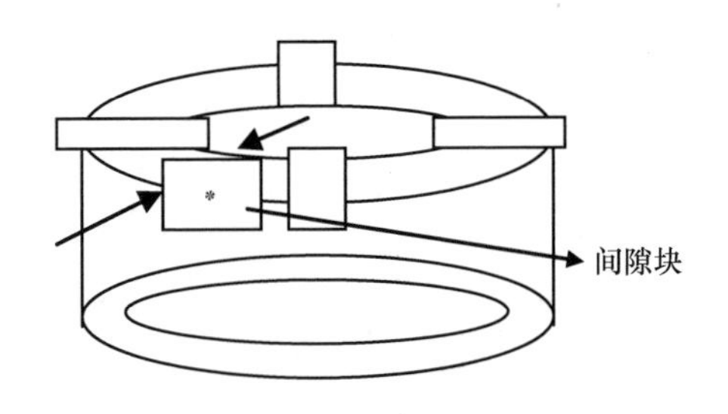

图9.2 带有间隙块的盘式绕组和带有绝缘覆盖层的裸导体（图9.3）

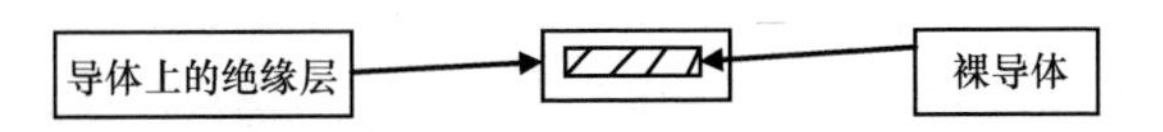

图9.3 带有绝缘覆盖层的裸导体

表9.7　绕组中水平管道的有效面积

深度/in	有效面积百分比（%）
0.25	93
0.5	87
0.75	82
1	76
1.25	71
1.5	67
1.75	63
2	60
2.5	54
3	50
3.5	47
4	44
4.5	41.5
5	39.5
5.5	37.5
6	36

对于给定的管道宽度可能超过线圈的径向深度情况（表9.8），在估计冷却表面的总有效面积时不应包括额外的水平面积。

最后，冷却设备需要设计为在保证温升之下提供以下裕量：

油温在<1.5~48.5℃>之间升高大于50℃；

电阻温度在<2~58℃>之间升高大于60℃；

电阻温度在<3~62℃>之间升高大于65℃。

以上分析有助于调节由多云天气引起的DPV-GT的热循环。

表9.8　管道宽度与绕组的径向深度和轴向长度的关系

管道/in	径向深度/in	轴向长度/in
3/32	$\frac{3}{4}$~$\frac{7}{8}$	15
1/8	$1\frac{3}{8}$~$1\frac{1}{2}$	30
5/32	$2\frac{3}{16}$~$2\frac{3}{8}$	45
3/16	3~$3\frac{1}{4}$	60
7/32	$3\frac{3}{4}$~$4\frac{1}{8}$	75
1/4	$4\frac{1}{2}$~5	90
9/32	$5\frac{1}{2}$~6	105
5/16	$6\frac{3}{8}$~7	120
11/32	$7\frac{1}{4}$~8	135
3/8	$8\frac{1}{8}$~9	150

9.2 一些商用环氧树脂材料及其在分布式光伏电网变压器中的优势

1）最小或几乎没有缩水、最佳介电性能、高尺寸稳定性、优异的附着力和热循环性能；

2）双组分系统在室温下硬化，使用温度在100~130℃之间；

3）单组分和双组分的热固化系统，可以耐受高达200℃的温度；

4）填充型灌封化合物中含有具有导热性能、低热膨胀系数、低收缩率和阻燃性的无机成分。

未填充的化合物大多是透明的，在需要最低黏度时使用，有缺陷的部件应易于识别以方便进行更换和维修。

所有作为阻燃（FR）产品的太阳能化合物都是耐火的，并且在指定的情况下，美国保险商试验所（Underwriter Laboratories）被认定为防火等级UL94V-0。所有类别都提供定制配方，并包装在1、5和55gal[⊖]套件里。

9.3 一些商业产品及其应用

铸件可用于敏感的电子元件、灌封式通信设备、热断路开关、灌封式镇流器、泵、浪涌抑制器、连接器、开关、继电器、线圈、变压器、电源、电阻、螺线管、接近开关、晶体管、传感器、电源线性滤波器、定时器等。

对于干式或树脂浇注的DPV变压器，使用合适的太阳能灌封和封装化合物来减轻热循环的影响。对市场上可以买到的部分此类化合物描述如下。

太阳能灌封和封装化合物通过改善散热和保护元件免受冲击和振动，延长了DPV-GT、电源、电子设备和现代高强度放电（HID）汽车前照灯系统的使用寿命。

EP-0597：中等黏度，未填充环氧树脂灌封和浇注料；透明性，半刚性固化和Solarcure 5；优异的耐热冲击性和良好的电气性能；使用Solarcure 6，可获得优良的附着力和低硬度；低应力和良好的热冲击性能，可更换和维修部件。

EP-211FRHTC_ SC1-2：根据所使用的固化剂，可以用于室温或热固化的中等黏度环氧树脂灌封和浇铸化合物。使用Solarcure 1（SC1），可以生产温度高达130℃的UL 94V-0产品。使用Solarcure 2（SC2），可以生产温度高达155℃的热固化产品。其他定制的Solarcure固化剂可用于调节黏度、硬度、固化时间、放热、使用温度、热冲击和阻力等。

EP-211FRHTC_ SC2-2B：一种导热、阻燃、UL 94V-0认可的中等黏度环氧树脂灌封和浇注料；室温或热固化取决于所选择的固化剂；Solarcure 2（SC2）的可耐温度高达155℃；Solarcure 2B（SC2B）的使用温度高达200℃。其他Solarcure固化剂可用于调节黏度、硬度、固化时间、放热、使用温度和耐热冲击性等。

⊖ 1gal=3.785412L，后同。

第 10 章 分布式光伏电网变压器的电能质量

10.1 电能质量的要求

电能质量的特点是额定交流电压和频率在规定的公差范围内，没有电压闪变，电压骤降或下降，谐波，频率变化，相角变化等。由于在配电网中要实现 SPV 系统的高连接密度，低辐照度可能导致电能质量不佳，从而引起电灯泡和电视机、洗衣机、空调、微波炉、计算机等电子设备的失灵，或减少其寿命。因此，逆变器的设计非常重要。它监控各种参数，控制并采取纠正措施。一个良好的逆变器产生具有以下最低要求的定性交流电能：

- 低谐波含量和波形失真度：存在的奇次谐波和偶次谐波 THD 限制在 5% 以内。谐波对变压器的负面影响通常被忽视，直到实际的故障发生。通常，设计为在额定频率下工作的变压器的负载被非线性负载替代，这会将谐波电流注入系统中。
- 低直流分量注入电网：涉及 MPPT 系统的方案需要设计成满足必要的 IEEE 规范要求：519/1547。
- 极限电压不平衡。
- 有限的电压波动。
- 有限电压闪变：逆变器中使用的硅电路导致主电源线损坏，引起电压闪变，这可能导致住宅用户的灯泡受到非常严重的影响，从而导致其随着时间的推移发生熔断并被破坏。电压闪变也会不断地影响使用计算机的个人的视线，因为屏幕会经历亮度的变化。
- 欠频或超频：由于频率变化仅来自电网，因此在设计和制造中不会对“标准”电力变压器产生影响。然而，频率的变化可能导致杂散损耗的变化，因此，DPV - GT 的设计必须采取预防措施，通过提供足够的铝或冷轧晶粒定向（CRGO）分流器来减少损耗增加造成的影响，其中大电流可能会在导线和箱体材料中流动。

更关键的问题是：

- 欠电压和过电压。
- 功率因数控制。

电能质量决定了电力对用电设备的适应性。电压频率和相位的同步使得电气系统按照预期的方式运作，从而使电气系统没有显著的性能削弱或寿命损失。该术语用于描述驱动负载的电力和负载的正常运行能力。没有合适的电源，电气设备（或负载）可能会发生故障、过早失效或完全不工作。有很多方式都会导致电能质量差，其原因有很多。

电力行业包括发电（交流电）、输电，以及最终配电到电力终端用户的电表内。电通过终端用户的接线系统流动，直到最后到达负载。将电能从生产点移动到用户消费点的系统的复杂性，加上天气、发电、需求等因素的变化，都可能导致供电质量的降低。

虽然“电能质量”对于许多人来说是一个很方便的术语，但是这个术语实际上描述的是电压而不是功率或电流的质量。功率就是能量的流动，负载所需的电流在很大程度上是无法控制的。

电能质量可以描述为一组参数值，如：

- 服务的连续性。
- 电压幅值的变化（见下文）。
- 瞬态电压和电流。
- 交流电源波形中的谐波含量。

将电能质量视为兼容性问题常常是有用的：连接到电网的设备是否与电网相兼容？电网传输的电力是否与连接的设备相兼容？兼容性问题至少有两种解决方案：在这种情况下，要么净化电力，要么使设备变得更坚固。

数据处理设备对电压变化的容差通常以 CBEMA 曲线来表征，该曲线给出了可承受范围内电压变化的持续时间和幅度[1]。

理想情况下，交流电压由公用电网提供正弦波，其幅度和频率由国家标准（在主电源的情况下）或系统规格（在没有直接连接到电源供电情况下）给出，此时阻抗在所有频率下为零。

现实生活中没有理想的电源，通常至少会在以下几个方面偏离理想电源的要求：

- 峰值或方均根电压的变化对于不同类型的设备都很重要。
- 当方均根电压超过额定电压 10% ~80%，持续时间在 0.5 个周期到 1min 时，该事件称为“浪涌”。
- “dip”（英式英文）或“sag”（在美式英文中与 dip 是等价的）描述的是相反的情况：方均根电压低于额定电压的 10% ~90%，持续时间为 0.5 个周期到 1min。
- 方均根电压在额定电压的 90% ~110% 之间的随机或重复变化，会在照明设备中产生称为“闪烁”的现象。闪烁是光线水平快速而可见的变化。电压波动会产生令人反感的光闪烁，关于其特征的定义是一直在研究的主题。
- 通常由大的电感负载关闭或更严重的闪电引起的电压突变和短暂的上升，称为“尖峰”“脉冲”或“浪涌”。
- 当额定电压低于 90% 的时间超过 1min 时，会发生“欠电压”。“掉电”是描述全功率（亮灯）和停电（无电源 - 无灯）之间的电压降的术语。当在室内照明中没有足够的电力来实现全亮度，掉电通常源自系统故障或超载等过程中常规白炽灯的明显变暗。这个术语在使用中没有正式的定义，但公用电网或系统运营商通常用它描述降低系统电压以减少需求或增加系统运营利润率。

- 当额定电压高于110%的持续时间超过1min时，会发生“过电压”。
- 频率变化。
- 波形的变化——通常描述为谐波。
- 非零低频阻抗（当负载消耗更多功率时，电压下降）。
- 非零高频阻抗（当负载需要大电流时，如果要求突然停止，由于电源线中的电感，会导致电压下降或出现尖峰）。

每个电能质量问题都由不同的原因所导致。有些问题是基础架构共享的结果。例如，网络上的故障可能会影响一些用户；故障级别越高，受影响的数量越大。一个用户站点上的问题可能会短暂地影响同一子系统上的所有其他用户。诸如谐波之类的问题，如果在用户自己的安装中产生，则该谐波有可能传播到网络中并影响其他用户。谐波问题可以通过良好的设计实践和经过验证的还原设备的组合来处理。

10.1.1　功率调节

功率调节通过改变功率以改善其电能质量。

如果线路上有瞬态（暂态）情况，则可以使用不间断电源（UPS）来切断主电源。然而，便宜的UPS装置本身会产生质量较差的电能，类似于在正弦波上施加更高频率和更低幅度的方波。高品质的UPS装置采用双变换拓扑结构，将输入的交流电变换为直流电，并且对电池充电，然后重新产生交流正弦波。这种再产生的正弦波的质量比原来的交流电源所提供的电能质量更高[2]。

浪涌保护器、简单的电容器或压敏电阻可以防止大多数过电压的情况，避雷器可以避免严重的尖峰问题。

电子滤波器可以去除谐波。

10.1.2　智能电网和电能质量

现代系统使用的传感器电子滤波器，又被称为相量测量装置（PMU），它分布在整个网络中以监测电能质量，并在某些情况下自动响应。利用网络中快速检测和自动修复网络异常的智能电网功能，可以提供更高质量的电能和更少的停机时间，同时支持间歇电源和分布式发电产生的电能，但是如果不加以检查，电能质量会降低。

电能质量压缩算法是在电能质量分析中所使用的算法。为了提供高质量的电能服务，必须在电网的不同位置监测电信号的质量，也被称为电能质量（PQ）。电力公司不断地仔细监测不同网络位置的波形和电流，以了解导致任何意外事件的原因，如停电事故。这对于环境和公共安全面临风险的场所尤为重要（例如医院、污水处理厂、矿山等机构）。

10.1.3 电能质量面临的挑战

工程师可以使用多种仪表[1]来读取和显示电功率波形并计算波形参数。这些参数包括电流和电压方均根值、多相信号波形之间的相位关系、功率因数、频率、THD、有功功率（kW）、无功功率（kvar）、视在功率（kVA）和有功电能（kW·h）、无功电能（kvarh）和视在电能（kVAh）等。为了更有效地监测无法预料的状况，Ribeiro 等人[2]解释说，仅仅显示出这些参数是不够的，还需要一直捕获电压波形数据。但这是不切实际的，因为涉及的数据量很大，会导致所谓的“瓶颈效应”。例如，以每个周期采样 32 个样本，则每秒采集 1 920 个样本。对于测量电压和电流波形的三相电表，采样数据会增至 6~8 倍。近年来开发的更实用的解决方案是仅在事件发生时存储数据（例如，当检测到高电平电力系统的谐波时）或者存储电信号的方均根值[3]。但是，这些数据并不总是能够确定问题的本质。

10.1.4 原始数据压缩

Nisenblat 等人[4]提出了电能质量压缩算法（类似于有损压缩方法）的想法，该算法下，仪表能够连续存储一个或多个功率信号的波形，而不管是否识别出有效的事件。这种称为 PQZip 的算法为处理器提供了足以存储波形的存储器，该存储器在正常功率条件下能够长时间存储至少一个月、两个月甚至一年的波形。随着信号的获取，实时地执行压缩；它在接收到所有压缩数据之前计算压缩。例如，如果一个参数保持不变，而其他参数波动，则压缩决策只保留与常数相关的参数，并保留所有波动数据。然后在波形的不同时期分解多个分量的功率信号波形。它通过分别在不同时期压缩这些组件中的一些组件的值，从而来结束该过程。这种独立于采样的实时压缩算法可以防止出现数据缺口，典型的压缩比是 1000:1。

10.1.5 汇总数据压缩

通用电能质量分析仪的典型功能是，对给定间隔内集合的数据进行存档。按照 IEC/IEEE 电能质量标准的规定，最常用的时间间隔是 10min 或 1min。在此类仪器操作期间，创建一个重要的存档。正如 Kraus 等人[5]所证明，使用 Lempel－Ziv－Markov 链算法、bzip 或其他类似的低损耗压缩算法对这类存档的压缩比很大。通过对实际电能质量存档中存储的时间序列进行预测和建模，可进一步提高后处理压缩的效率。这种简单化技术的结合意味着在数据存储和数据采集过程中都能节省成本。

10.2 可再生能源并网发电系统中的电能质量

集中式发电系统正面临化石燃料短缺和减排需求的双重限制。长输电线路是导致电能损失的主要原因之一。因此，重点是将可再生能源系统集成到电网中的分布式发电

（DG）网络，从而提高能源效率并达到减排的目的。随着可再生能源对电网的渗透，中低压输电系统的电能质量越来越受到关注。大部分可再生能源系统是借助于电力电子变换器来集成到电网中。电力电子变换器的主要目的是根据电能质量标准将DG集成到电网中。然而逆变器的高频转换会给系统注入额外的谐波，如果没有采用适当的措施，会产生严重的电能质量问题。诸如STATCOM（并联有源电力滤波器）、DVR（串联有源电力滤波器）和UPQC（串并联混合有源电力滤波器）之类的定制电力设备（CPD）是最新开发的接口设备，用于分布式供电（电网）和用户设备之间，它通过补偿负载产生或吸收的无功和谐波功率，来克服电压/电流扰动并提高电能质量。太阳能和风能是最有潜力的DG电源，它们对电网的渗透率也在上升。尽管DG具有电压支撑、电源多样化、输配电损耗低和可靠性高[1]的优势，但电能质量问题也越来越受到关注。对于与太阳能和风能集成到电网相关的电能质量问题，本书进行了研究与开发性的技术调查，分析了低电能质量的影响，还讨论了CPD连接到系统以克服电能质量问题的可能的拓扑结构，并提出了用于分布式发电系统的未来电网连接的电力园区概念。

10.3　电能质量问题（DG）

70%～80%的与电能质量相关问题可归因于连接和/或布线故障[2]。功频干扰、电磁干扰、瞬变、谐波和低功率因数是其他类别的电能质量问题（见表10.1），与电源和负载类型有关[3]。

在这些项目中，谐波是最主要的。谐波对电能质量的影响在参考文献［4］中进行了详细的描述。根据IEEE标准，电力系统谐波受两种不同的限制：一种是用户在公共耦合点（PCC）处向电网系统注入谐波电流的限制，另一种是公用电网在PCC处向任一用电设备提供的谐波电压的限制。这些限制的具体细节可以在参考文献［5］中找到。同样，考虑到电能质量、保护以及稳定性问题，应遵循DG互连标准[6]。

表10.1　电能质量问题的分类

工频干扰	低频现象	电能质量问题下奇数、偶数次谐波问题
电磁干扰	产生电压骤降/骤升	低频现象
电力系统瞬态	高频现象	由直流或感应静电场引起的
电力系统谐波	电磁场相互作用	产生波形失真
静电放电	快速、短期的时间	不同电位的电流
功率因数	产生缺口、脉冲等畸变	低功率因数导致设备损坏

10.4　可再生能源发电系统的并网——太阳能光伏发电系统的电能质量问题

光伏电池板的输出取决于太阳辐射强度和云层覆盖度，而电能质量问题不仅取决于光的辐射情况，还取决于太阳能光伏发电系统的整体性能，包括光伏组件、逆变器、滤波器控制机制等。参考文献［7］中的研究表明，辐照度和云层的短暂波动对于高渗透光伏的低压配电网起着重要的作用。因此，应特别注意线路上的电压分布和功率流。它还表明可以使用超级电容器来实现电压和功率的降低，但是这会导致光伏发电系统的成本增加约20%。

当大负载断开连接时，也可能会发生电压骤升。关于DG，电压扰动可能使逆变器与电网断开，从而导致能量损失。而且，由于电源和逆变器性能的变化，光伏并网发电系统的长期性能会表现为效率的显著降低[8]。一个非常灵敏的逆变器的性能（短路和电压骤降的快速断开）如参考文献［9］中的图10.2（光伏并网发电系统的一般结构）所示。光伏并网发电系统的总体框图如参考文献［9］中的图10.2所示，其中系统可以是单相或三相，这取决与电网的连接要求。光伏阵列可以是串联或并联模式连接的单个或一串光伏电池板。也可以采用集中式或分散式光伏发电系统模式，在参考文献［10］中对这些光伏逆变并网的拓扑结构及其优缺点进行了概述。

这些电力电子变换器与非线性设备的运行，一起向电网注入谐波。除了由于辐射引起的电压波动外，云层覆盖或阴影效应也可能使光伏发电系统与电网连接方面不稳定。因此，在逆变器的控制器设计中需要考虑这一点[11-12]。一般来说，光伏并网逆变器不能控制由非线性负载产生的无功和谐波电流。参考文献［13］中提出了一种有效的控制机制，使用光伏发电系统作为有源滤波器来补偿无功和谐波电流，并向电网注入功率。该系统还可以在独立模式下运行，但这增加了整体控制电路的复杂度。研究[14]也表明，通过提供无功补偿和谐波抑制作为辅助手段，在改进逆变器的控制效果方面取得了显著成果。参考文献［15］中的图3给出了最近开发的一种用于并网发电系统的多功能光伏逆变器。在电压骤降工况下，通过UPS功能、谐波补偿、无功功率补偿功能以及连接功能，该系统的可靠性得到了提高。然而，结果表明，电能质量得到了改善，但仍然超出IEEE限定范围。参考文献［15］中提到了关于集成到工业电网的多功能光伏逆变器系统的概念。

10.5 电能质量问题的缓解

有两种方法可以缓解来自用户或电网端的电能质量问题。第一种方法称为负载调节，这确保了设备对电源干扰有较低的敏感性，即使在严重的电压失真情况下也能进行操作。另一种解决方法是安装抑制或抵消电力系统干扰的线路调节系统。包括飞轮、超级电容器及其他储能系统，恒压变压器，噪声滤波器，隔离变压器，瞬态电压浪涌抑制器，谐波滤波器等在内的多种设备均可用于缓解特定的电能质量问题。像DSTATCOM、DVR和UPQC这样的定制电力设备（CPD）能够减轻与公用电网配电和终端设备相关的多种电能质量问题。本书的后续部分内容着眼于CPD在减少与电网集成太阳能和风能发电系统相关的电能质量问题中的作用。

10.6　定制电力设备的作用

最终影响电能质量的电压质量，是电网中某个站点偏离理想电压情况的总称。这相当于实际运行中电压的电磁干扰。没有干扰时电压质量就是完美的，否则就不完美。电磁干扰被定义为可能降低设备性能的电磁现象。足够好的电压质量有助于电气和电子设备在电磁兼容性（EMC）方面的功能表现得更好。根据EMC指令，电网就是一个设备，电磁干扰作为电网中质量不完美的电压，可以视为电网中的电磁辐射。

定制电力（CP）概念是由N. G. Hingorani在1995年首次提出[23]。定制电力技术拥有一系列电力电子设备或工具箱，应用于配电系统以提供电能质量解决方案。由于诸如GTO和IGBT这种具有成本效益的大功率半导体器件、低成本微处理器或微控制器，以及电力电子领域开发的技术的广泛可用性，使得该技术成为可能。DSTATCOM是专为功率因数校正、电流谐波滤波和平衡负载而设计的并联定制电力设备。它也可用于配电总线的电压调节[26]。它通常被称为并联有源电力滤波器。它由电压或电流源PWM变换器组成（见参考文献［25］中的图10.8）。它作为电流控制电压源运行，通过注入相移180°的负载产生的谐波分量来补偿电流谐波。采用适当的控制方案，DSTATCOM也可以补偿较差的负载功率因数。如参考文献［24］中图10.8所示的DSTATCOM系统配置，DVR是串联连接的定制电力设备，用于保护敏感负载免受电源侧干扰（停电除外）。它也可以充当串联有源滤波器，将电源与负载产生的谐波隔离开。它由一个配有直流电容的电压源PWM变换器组成，并通过低通滤波器（LPF）和耦合变压器与市电串联（见参考文献［26］中的图10.9）。该设备连续注入一组可控交流电压并与配电馈线电压同步，这使得即使在电源电压不平衡或失真的情况下，负载侧电压也能恢复到所需的幅值和波形。如参考文献［26］中的图10.9所示，直流电容器支持DVR，UPQC是串联和并联有源滤波器的集成，在直流侧背靠背连接，共用一个直流电容（见参考文献［27］中的图10.10）。UPQC的串联元件负责缓解电源侧扰动，如电压骤降/骤升、闪变、电压不平衡和谐波。它提供电压以便将负载电压维持在所需的水平，并维持平衡，消除失真。并联元件负责减轻用户引起的电流质量问题，如功率因数差、负载谐波电流、负载不平衡等。它在交流系统中注入电流，使得电源电流变为平衡的正弦波，并与电源电压同相。STATCOM已经在风力发电中得到应用，用于增强稳定性、瞬态、缓解闪变等[28,29]。传统的STATCOM仅在超前和滞后的运行模式下工作，因此其应用仅限于无功功率的支持。由于风力变化引起的功率波动，不能通过使用STATCOM来平滑，因为它没有有效的功率控制能力。为了解决这个问题，将电池储能系统（BESS）与STATCOM（STATCOM/BESS）合并（见参考文献［30］中的图10.10，即UPQC的系统配置图）。

参考文献［30］中的图10.11所示系统（STATCOM BES和BR）具有有功和无功功率控制能力，能够提高电能质量。类似地，DVR也可以与BESS一起用于控制风电场的稳定性[30]。对于并网的分布式发电系统[31]，具有谐波电压抑制的无功和有功功率流如参考文献［31］中的图10.12所示，采用DVR和BESS进行电能质量控制。最近的所有研究报告[32,33]都表明，在参考文献［32］及其中图10.13已经提出了重要的结构。

已经对UPQC在并网光伏和风力发电系统中的应用进行了研究和开发。由于UPQC几乎可以补偿在输电和配电网中出现的所有电能质量问题，因此在分布式发电网络中放置UPQC是可以有多种用途的。

UPQC在互连模式和孤岛模式下都可以运行，其中光伏电池板连接到UPQC中的直流侧作为能量来源。UPQC能够在电源电压的中断期间通过光伏电池板向敏感型负载注入功率。除了其他常规的UPQC功能之外，该系统的优点还包括电压中断补偿和向电网注入有功功率。但是，在电压中断状态下，如果太阳能资源不足，则系统的功能可能会受到影响。UPQC系统中电网与光伏电池板的连接[32]，如参考文献［32］中的图10.13所示。在参考文献［33］中研究了UPQC用于克服定速感应发电机（FSIG）的并网问题，如参考文献［33］中的图10.14所示。由于无功功率过大，电网电压骤降或线路故障时，FSIG无法保持与电网的连接。

电压下降导致涡轮机超速运行，从而使保护系统跳闸。在UPQC的帮助下，实现了故障穿越，大大提高了系统的稳定性。结果表明，UPQC是将风力发电系统整合到电网中的最优设备之一。已经提出具有UPQC[13]的并网风力发电系统和定制电力园区的概念，并使用CPD以提供各种级别的高质量电源。通过使用监控技术对其进一步扩展，通过检验预先设定的电力质量来协调CPD。

10.7 太阳能光伏发电系统中辐照度的影响

虽然光伏电池板的输出取决于太阳辐照度和云层遮盖度，但电能质量问题不仅取决于辐照度，也还取决于太阳能光伏发电系统的整体性能，包括光伏组件、逆变器、滤波器控制机制等。参考文献［7］中的研究表明，辐射和云层的短暂波动对于光伏渗透率高的低压配电网起着重要的作用。因此应特别注意线路中的电压分布和功率流。我们可以使用增加光伏发电系统大约五分之一成本的超级电容器来缓解电压和功率压力。当大负载断开连接时，可能会发生电压骤升。关于DG，任何类型的电压扰动都会导致逆变器从电网断开，从而造成能量损失。由于逆变器的电源和性能的变化，从长远来看，并网光伏发电系统的效率会显著降低[8]。

参考文献［2］中给出了并网光伏发电系统的总体框图，系统可以是单相或三相，这取决于电网的连接要求。光伏阵列可以是串联或并联连接的单个或一串光伏板，也可以采用集中式或分散式光伏发电系统，并且这些光伏－逆变－电网的连接拓扑结构及其优缺点在参考文献［9］中进行了概述。

这些电力电子变换器以及非线性设备的运行会向电网注入谐波。另一方面，由于辐照度、云层和阴影效应引起的电压波动可能使光伏发电系统与电网连接不稳定。因此，在逆变器的控制部分需要特别设计[10,11]。

一般来说，光伏并网逆变器不能控制从非线性负载中吸收无功和谐波电流。在参考文献［12］中提出了一个有效的控制机制，其中光伏发电系统被用作有源滤波器来补偿无功、谐波电流并向电网注入功率。该系统也可以在独立模式下运行，但这会使得总体控制电路变得更加复杂。目前的研究[13]表明，通过提供无功补偿和抑制谐波作为辅助手段，在改进逆变器控制性能方面取得了显著成就。最近开发出一种用于并网发电系统的多功能光伏逆变器[3]，并且在参考文献［14］中提出了通过 UPS 功能、谐波补偿、无功功率补偿能力以及电压骤降条件下的连接能力，光伏并网逆变器变得可靠。但结果表明，电能质量的改善仍然在 IEEE 规定的标准范围之外。

参考文献

1. Galli et al., Exploring the power of wavelet analysis?: Oct 1996, IEEE, *IEEE Computer Applications in Power*, vol. 9, issue 4, pp. 37–41.
2. Ribeiro et al., An enhanced data compression method for applications in power quality analysis? Nov. 29-Dec. 2, 2001, IEEE, The 27th Annual Conference of the IEEE Industrial Electronics Society, 2001. *IECON '01*, vol. 1, pp. 676–681.
3. Ribeiro et al., An improved method for signal processing and compression in power quality evaluation? Apr. 2004, IEEE, *IEEE Transactions on Power Delivery*, vol. 19, issue 2, pp. 464–471.
4. Nisenblat et al., Method of compressing values of a monitored electrical power signal. April 18, 2004.
5. Kraus, Jan; Tobiska, Tomas; Bubla, Viktor, "Lossless encodings and compression algorithms applied on power quality datasets," Electricity Distribution—Part 1, 2009. CIRED 2009. *20th International Conference and Exhibition*, vol., no., pp. 1–4, 8–11 June.
6. pge.com—A utility pamphlet illustrating the CBEMA curve.
7. datacenterfix.com—A Power Quality discussion on UPS design.
8. Dugan, Roger C.; Mark McGranaghan, Surya Santoso, H. Wayne Beaty (2003). *Electrical Power Systems Quality*. McGraw-Hill Companies, Inc. ISBN 0-07-138622-X.
9. Meier, Alexandra von (2006). *Electric Power Systems: A Conceptual Introduction*. John Wiley & Sons, Inc. ISBN 978-0471178590.
10. Heydt, G.T. (1994). Electric Power Quality. Stars in a Circle Publications. Library Of Congress 621.3191.
11. Bollen, Math H.J. (2000). *Understanding Power Quality Problems: Voltage Sags and Interruptions*. New York: IEEE Press. ISBN 0-7803-4713-7.
12. Sankaran, C. (2002). *Power Quality*. CRC Press LLC. ISBN 0-8493-1040-7.
13. Baggini, A. (2008). *Handbook of Power Quality*. Wiley. ISBN 978-0-470-06561-7.
14. Kusko, Alex; Marc Thompson (2007). *Power Quality in Electrical Systems*. McGraw Hill.
15. IEEE Standard 519 Recommended Practices and Requirements for Harmonic Control in Electrical Power Systems section 10.5 Flicker.
16. I M de Alegrıa, J Andreu, J L Martın, P Ibanez, J L Villate, H Camblong, "Connection requirements for wind farms: A survey on technical requierements and regulation," *Renewable and Sustainable Energy Reviews*, 2007, vol. 11,

1858–1872.

17. F Blaabjerg, R Teodorescu, M Liserre, A V. Timbus, "Overview of Control and Grid Synchronization for Distributed Power Generation Systems," *IEEE Trns Indust Elect*, 2006, Vol. 53(5), pp. 1398–1409.
18. S M Dehghan, M Mohamadian and A Y Varjani, "A New Variable-Speed Wind Energy Conversion System Using Permanent Magnet Synchronous Generator and Z-Source Inverter," *IEEE Trns Energy Conv*, 2009, Vol 24(3), 714–724.
19. S.P. Chowdhurya, S. Chowdhurya, P.A. Crossley, "Islanding protection of active distribution networks with renewable distributed generators: A comprehensive survey," *Electric Power Systems Research*, 2009, vol 79, pp. 984–992.
20. A Baggini, *Handbook of Power Quality*, John Wiley & Sons Ltd, UK(2008), pp. 545–546.
21. J Manson, R Targosz, "European Power Quality Survey Report," 2008, pp. 3–15.
22. L Yufeng, "Evaluation of dip and interruption costs for a distribution system with distributed generations," ICHQP2008.
23. N.G. Hingorani, "Introducing custom power," IEEE Spectrum, 1995, vol. 32(6), pp. 41–48.
24. A Ghosh and G Ledwich, Power quality enhancement using custom power devices, Kluwer Academic, 2002.
25. A Ghosh, "Compensation of Distribution System Voltage Using DVR," *IEEE Trans on power delivery*, 2002, vol. 17(4), pp. 1030–1036.
26. H Fujita, H Akagi, "The Unified Power Quality Conditioner: The Integration of Series- and Shunt-Active Filters," *IEEE Trns on power electronics*, 1998, vol. 13, no. 2, pp. 315–322.
27. A Arulampalam, M. Barnes, "Power quality and stability improvement of a wind farm using STATCOM supported with hybrid battery energy storage." Generation, Transmission and Distribution, *IEE Proceedings*, 2006, vol. 153(6): 701–710.
28. Z. Chen, F. Blaabjerg, Y. Hu, "Voltage recovery of dynamic slip control wind turbines with a STATCOM," IPEC05, vol. S29(5), pp. 1093–1100.
29. S.M. Muyeen, R Takahashi, T Murata, J Tamura, M H Ali, "Application of STATCOM/BESS for wind power smoothening and hydrogen generation," *Electric Power Systems Research*, 2009, vol. 79, pp. 365–373.
30. Chung, Y. H., H. J. Kim, "Power quality control center for the microgri system," PECon 2008.
31. M Hosseinpour, Y Mohamadrezapour, S Torabzade, "Combined operation of Unifier Power Quality Conditioner and Photovoltaic Array," *Journal of Applied Sciences*, 2009, v-9(4), pp. 680–688.
32. Jayanti, N. G., M. Basu, "Rating requirements of the unified power quality conditioner to integrate the fixed speed induction generator-type wind generation to the grid." *Renewable Power Generation*, IET, 2009, vol. 3(2): 133–143.
33. A. Domijan, A. Montenegro, "Simulation study of the world's first distributed premium power quality park," *IEEE Trans on Power Delivery*, 2005, vol. 20, pp. 1483–1492.

第 11 章

分布式光伏电网变压器中的电压瞬变和绝缘配合

分布式光伏电网变压器（DPV－GT）随着天气条件的变化会产生电压瞬变。照射在光伏电池板上的辐射量与云层覆盖率成反比。其他影响电压瞬变的情况与连接到这种DPV 电网的负载类型有关。非线性负载可能导致成比例的瞬变，使变压器的绝缘受到异常应力的影响，因此设计人员必须认识到要去改善变压器的运行问题。

11.1　绝缘配合

在最简单的形式中，绝缘强度选择绝缘配合。换句话说，绝缘配合是一系列步骤，用于选择与设备所在系统上可能出现的工作电压和瞬态过电压相关的设备的介电强度。在选择过程中需要考虑多种因素，包括工作环境、绝缘耐受特性、避雷器特性，以及在某些情况下发生潜在浪涌的概率。

自恢复绝缘：这种绝缘是在测试中发生破坏性放电后，短时间内完全恢复其绝缘性能。

非自恢复绝缘：在测试中发生破坏性放电后，失去其绝缘特性，或不能完全恢复其绝缘特性。

闪络率：绝缘体在闪电或切换时，在系统上闪烁的速率。对于线路研究，该速率和反击闪络率（BFR）决定了线路的停电率。

绕击率（SFR）：绕击率是在相导体上终止的冲击次数。如果通过相导体的冲击产生的电压超过线路 CFO（临界电压），则会发生闪络。

反击跳闸率（BFR）：BFR 是在塔架或屏蔽线上终止的雷击次数，从而导致绝缘体闪络。BFR 是在塔架或屏蔽线上由于雷击而引起的绝缘子闪烁。电流脉冲使塔电压升高，反过来又产生了跨导线绝缘的电压。如果绝缘体上的电压超过了绝缘强度，就可以预计到会发生从塔到相导体的背面闪络。

11.2　绝缘配合研究所需的数据

研究所收集的数据取决于研究的目的，以下是所需数据的示例：

1）收集所有绝缘材料的 BIL、CFO 数据。

2）收集避雷器特性和安装位置（如果有应用）。

3）获取标记所有绝缘体和避雷器之间距离的系统线路图。

4）获得绝缘体数量和位置，特别是进行切换性研究时。

5）标注该地区所处的地理位置。

6）获取被分析区域的闪电数据。

7）尽可能注意接地电阻。

11.3 绝缘配合标准

IEEE 标准 C62.82.1 和 C62.82.2 描述和定义了绝缘配合方法。在 2010 年之前，这些标准被称为 IEEE 1313.1 和 1313.2。

描述和定义绝缘配合方法的 IEC 标准是 IEC 60071-1、60071-2 和 60071-4。

如第 15 章所述，绝缘配合方案可用于缓解雷击等自然原因引起的大电压波动。

由于接地电容高、串联电容低，脉冲电压分布会受到严重的影响：

$$\alpha = \sqrt{(C_g/C_s)} \tag{11.1}$$

其中，C_g 是接地电容；C_s 是串联电容。对于圆盘绕组或螺旋绕组，α 的值为 2~2.5。这导致沿绕组长度的电压不均匀分布。设计人员总是努力将 α 值降低到 1.0 左右，使电压尽可能沿绕组长度均匀分布。这有助于在绕组的裸导体上有一个均匀覆盖的区域。通过绕组的智能设计可以最大限度地减少这些问题。使电压沿着绕组长度均匀分布的一种方法是使用低串联电容绕组。在高达 66kV 的额定电压下，采用交错式绕组结构是合理的。

11.4 电压闪变问题

电流的任何剧烈变化都将导致电压发生剧烈变化。每当发电机主断路器打开时，都可能发生这种情况。城市地区 120V 基准值下的闪变限制为 2V（2.5%），农村地区 120V 基准值的闪变限制为 5V（4.17%）。

瞬变的两种类型：

1）电压骤降：电路中特定点的电压突然下降，然后在几秒钟到系统电压频率的几个周期后的短时间内恢复电压。这可能是由于负载切换引起的。电压下降的幅度通常在额定系统电压的 90%~1% 之间。这些值在 IEEE P1433 中被定义为 0.9~0.1pu 的系统额定电压的方均根值，持续时间为 0.5 个周期至 1min。低于 90% 电压的变化过程不会被称为电压骤降。这可以持续 10ms、几秒钟到 1min。在短路或负载切换的情况下，由于电路电流的增加引起电压骤降。前者通常与感应电机的起动有关，其中起动电流为满载电流的 6~7 倍。

2）电压骤升：网络中某点的电压临时增加超过某一预定阈值，阈值通常设置为1.1pu。这些也由其幅值和持续时间来定义。电压骤升通常与系统故障有关，如发生单线对地故障时，未故障相中的电压会增加。同时也可能是由于切换如大电容器组等大负载所引起的。电压骤升的电平取决于故障发生的位置、系统阻抗和接地情况。美国的大部分太阳能发电系统网络都是接地的。因此，与太阳能发电系统可能不接地的欧洲系统相比，美国系统电压骤升时的强度和频率更小。

11.5　电压变化对分布式光伏电网变压器并网发电系统中功率流的影响

通常采用 DPV - GT 并网发电系统，由于高光伏渗透（接近90%）而引起的电压变化不是问题，但是对于微电网或弱电网，影响效果可能是显著的。已经研究了一种新的方法[2]，通过使用辐照度时间序列的光谱分析来评估这种波动的辐照条件下的功率。小波分析有助于分离出给定拓扑中覆盖于物理分布的分形分布。节点电压变化在本地标准的规定限度内，但是如果在系统中有分布式发电，则需要添加额外的限制。

11.6　缓解电压变化

光伏渗透引起的电压波动可能导致电压幅度增加20%，如 EPRI 最近的研究[1]表明，采用电压 - 无功功率控制，这种波形可以变得更平滑。

我们可以通过存储设备来减轻电压波动，特别是在具有高串联电阻的电缆网络中。在主要是具有互连 DPV - GT 的感应电网电路中，可以通过逆变器电路注入无功功率来实现。总电压波动可达到额定电压10%以上。通过使用超级电容器还可以实现额外5%的电压降低，这种电容器的价格约为 DPV - GT 系统价格的20%。

参考文献

1. Distribution systems and the integration of solar PV, Jeff Smith, Senior Project Manager, EPRI, Tennessee Valley Solar Solutions Conference, April 10, 2012.
2. Woyte, Achim, Thong, Vu Van, Belmans, Ronnie, Nijs, Johan, Voltage fluctuations on distribution level introduced by photovoltaic systems, IEEE.
3. Murata, A., Otani, K., An analysis of time-dependent spatial distribution of output power from very many PV power systems installed on a nation-wide scale in Japan, *Solar Energy Materials and Solar Cells* 47, 1997, 197–202.
4. Wiemken, E., Beyer, H. G., Heydenreich, W., Kiefer, K., Power characteristics of PV ensembles: Experiences from the combined power production of 100 grid connected PV systems distributed over the area of Germany, *Solar Energy* 70, 2001, 513–518.
5. Jewell, W., Ramakumar, R., The effects of moving clouds on electric utilities with dispersed photovoltaic generation, *IEEE Transactions on Energy Conversion* EC-2, 570–576, December 1987.

6. Jewell, W. T., Ramakumar, R., Hill, S. R., A study of dispersed photovoltaic generation on the PSO system, *IEEE Transactions on Energy Conversion* 3(3), September 1988, 473–478.
7. Jewell, W. T., Unruh, T. D., Limits on cloud-induced fluctuation in photovoltaic generation, *IEEE Transactions on Energy Conversion* 5(1), March 1990, 8–14.
8. Kern, E. C., Russel, M. C., Spatial and temporal irradiance variations over large array fields, *Proceedings of the 20th IEEE Photovoltaic Specialists Conference*, 1988, pp. 1043–1050.
9. Willis, H., Ed., *Distributed power generation: Planning and evaluation*, CRC Press, Boca Raton, FL, 2000.
10. Chalmers, S., Hitt, M., Underhill, J., Anderson, P., Vogt, P., Ingersoll, R. The effect of photovoltaic power generation on utility operation, *IEEE Transactions on Power Apparatus and Systems,* PAS-104, 1985, pp. 524–530.
11. Patapoff, N., Mattijetz, D. Utility interconnection experience with an operating central station MW-sized photovoltaic plant, *IEEE Transactions on Power Systems and Apparatus*, PAS-104, 1985, pp. 2020–2024.
12. Jewell, W., Ramakumar, R., Hill, S. A study of dispersed PV generation on the PSO system, *IEEE Transactions on Energy Conversion* 3, 1988, 473–478.
13. Cyganski, D., Orr, J., Chakravorti, A., Emanuel, A., Gulachenski, E., Root, C., Bellemare, R. Current and voltage harmonic measurements at the Gardner photovoltaic project, *IEEE Transactions on Power Delivery* 4, 1989, 800–809.
14. EPRI report EL-6754, Photovoltaic generation effects on distribution feeders, Volume 1: Description of the Gardner, Massachusetts, twenty-first century PV community and research program, 1990.
15. Garrett, D., Jeter, S. A photovoltaic voltage regulation impact investigation technique: Part I—Model development, *IEEE Transactions on Energy Conversion* 4, 1989, 47–53.
16. Baker, P., McGranaghan, M., Ortmeyer, T., Crudele, D., Key, T., Smith, J. *Advanced grid planning and operation*. NREL/SR-581-42294. Golden, CO: National Renewable Energy Laboratory, January 2008.
17. Jewell, W., Unruh, T. Limits on cloud-induced fluctuation in photovoltaic generation, *IEEE Transactions on Energy Conversion* 5(1), March 1990, 8–14.
18. Imece et al., tests on SunSine inverter.
19. Asano, H., Yajima, K., Kaya, Y. Influence of photovoltaic power generation on required capacity for load frequency control, *IEEE Transactions on Energy Conversion* 11, 1996, 188–193.
20. Povlsen, A., International Energy Agency Report IEA PVPS T5-10: 2002, February 2002 (www.iea.org).
21. Kroposki, B., Vaughn, A., DG power quality, protection, and reliability case studies report, NREL/SR-560-34635. Golden, CO: National Renewable Energy Laboratory. General Electric Corporate R&D, 2003.
22. Miller, N., Ye, Z., Report on distributed generation penetration study. NREL/SR-560-34715. Golden, CO: National Renewable Energy Laboratory, 2003.
23. Kersting, W., *Distribution system modeling and analysis*, CRC Press, Boca Raton, FL, 2002.
24. Union for the Coordination of Transmission of Electricity, Final Report of the Investigation Committee on the 28 September 2003 Blackout in Italy, 2004, p. 121.
25. Quezada, V., Abbad, J., San Román, T., Assessment of energy distribution losses for increasing penetration of distributed generation, *IEEE Transactions on Power*

Systems 21(2), May 2006, 533–540.
26. DISPOWER: Distributed generation with high penetration of renewable energy sources, Final Public Report, 2006 (www.pvupscale.org).
27. Thomson, M., Infield, D., Impact of widespread photovoltaics generation on distribution systems, *IET Journal of Renewable Power Generation* 1, 2007, 33–40.
28. Ueda, Y., et al., Performance ratio and yield analysis of grid-connected clustered PV systems in Japan, *Proceedings of the Fourth World Conference on Photovoltaic Energy Conversion*, pp. 2296–2299.
29. Luque, A., Hegedus, S., *Handbook of photovoltaic science and engineering*, Wiley, New York, 2003.
30. Short, T. A., *Electric power distribution handbook*, CRC Press, Boca Raton, FL, 2004.
31. Watson, N., Arrillaga, J., Power systems electromagnetic transients simulation, Institution of Electrical Engineers, 2002.
32. ANSI/IEEE Standard 1547-2003: IEEE standard for interconnecting distributed resources with electric power systems.
33. Ronan, E., Sudhoff, S., Glover, S., Galloway, D., A power electronic-based distribution transformer, *IEEE Transactions on Power Delivery* 17, 2002, 537–543.
34. Hatta, H., Kobayashi, H., A study of centralized voltage control method for distribution system with distributed generation, *Proceedings of the 19th International Conference on Electricity Distribution* (CIRED), May 2007, paper 0330, 4 pages.
35. Okada, N., Verification of control method for a loop distribution system using loop power flow controller, *Proceedings of the 2006 IEEE Power Systems Conference and Exposition*, October 29–November 1, 2006, pp. 2116–2123.

第 11 章的练习

1. 一个 1/2MVA、22kV（±10% 变化）/433V 的 Y/Y 油浸式三相变压器的详细参数为：

低压绕组：

a. ID：207mm；

b. 平均直径：222mm；

c. OD：244mm；

d. 轴向长度：700mm；

e. 每匝伏特：12.61。

低压和高压之间的径向间隙：22mm。

高压绕组：

a. ID：288mm；

b. 平均直径：338mm；

c. OD：390mm；

d. 轴向长度：700mm（109 个圆盘，每个圆盘 8 匝）；

e. 每匝伏特：12.61。

A. 在标准抽头（即在高压绕组的 100% 额定电压）下绘制变压器绕组的磁动势图，

保证阻抗为7.5%。

B. 计算变压器在标准抽头（即在高压绕组的100%额定电压）下的电抗比（%）。

2. 与普通连续双圆盘相比，问题1中的变压器必须在高压中设计为具有交错式绕组。

a. 绘制具有交错式和双圆盘配置的高压圆盘部分的绕组图。

b. 绘制具有交错式和CDD配置的高压绕组上的电压分布（即在两个α下的电压对绕组长度）。

c. 通过使用交错配置，α的改进是什么？用数值给出答案。

第12章 与分布式光伏电网变压器的逆变电路协调

因为逆变技术是一种电子技术，所以该技术的处理电力的能力进展缓慢。目前最大的额定功率为500kVA。需要将单个500kVA的单元并联组装以满足更大容量的要求。这种相对的劣势是否会成为太阳能技术发展的致命缺陷还有待观察，在可再生能源领域，太阳能技术的进步与风电场的水平相当。目前正在制造容量高达1000kVA的逆变器单元以满足光伏发电系统的渗透要求。

太阳能发电站的占空比可能不像风电场那么大，但是太阳能发电有其特殊考虑因素会影响变压器的设计。太阳能从业人员需要注意这些特殊需求，以确保太阳能装置具有成本效益和可靠性。为了充分了解逆变器技术对分布式光伏电网变压器（DPV－GT）设计和运行的影响，我们必须了解图12.1所示子组件的工作情况。

图12.1　太阳电池板逆变器DPV－GT的馈线

12.1　逆变器的定义

电网对工业、住宅和企业提供的能源或电力来自无限大电网，通常被称为交流电（AC）。一些可再生能源发电系统，如太阳能发电系统，则产生直流电（DC）。

逆变器将直流电转换为交流电，和可替代的太阳能源相匹配，为企业和家庭提供电力。在过去的一个世纪中，逆变器已经从基本的电气概念演变成电力电子和数字控制的复杂组合。

12.2　逆变器的历史

逆变器从19世纪晚期开始以旋转变换器或电动－发电机组（MG组）的形式作为

机电装置使用。逆变器的概念很容易理解。因此，如果与 MG 组（变换器）的连接反向，并且将直流电接入到电路中，则逆变器电路的输出端会产生交流电，如图 12.2 所示。

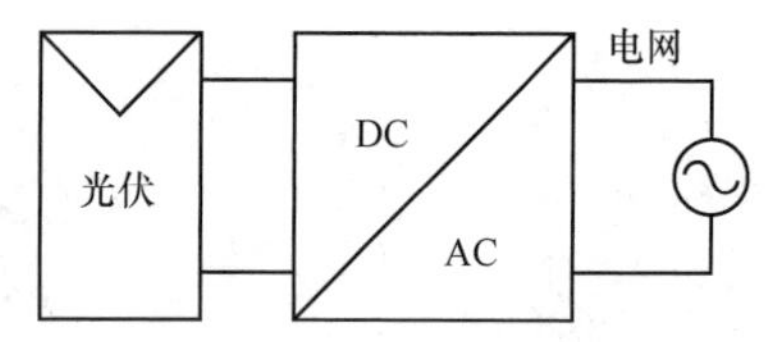

图 12.2 直流太阳能源的 DC－AC 变换

因此，逆变器是反向变换器。在 20 世纪初期，使用真空管和气体管来进行这种变换。1947 年，使用具有低电压阈值的晶体管来实现该变换，但其低功率的处理能力不足，限制了晶体管在功率变换中的应用。1957 年随着晶闸管的出现，可以实现中等功率变换。后来，对电力电子技术的进一步研究推动它向大功率固态逆变器电路转型。对于这种应用最适用的是门极可关断晶闸管（GTOT）。更深的研究则引出了绝缘栅双极型晶体管（IGBT）和集成门极换相/控制晶闸管（IGCT）技术，这些将在后面进行讨论。这些电力电子器件目前适用于高达 1000kVA 功率等级的场合。美国和欧洲的许多领先制造商已经开始提供使用 IGBT 和 IGCT 的逆变器的实际配置。

12.3 逆变器技术

许多制造商已经使用逆变器技术超过 30 年，通过变速驱动器（VSD）来控制交流电动机的速度。太阳能逆变器在本质上可以视为工业驱动器的一半，逆向工作。太阳能逆变器使用与工业驱动器相同的成熟的 IGBT/IGCT 设计。

12.3.1 变速驱动器与太阳能逆变器

典型的太阳能光伏发电系统包括从太阳电池到中压变压器的直流输入，使用诸如 IGBT 和/或 IGCT 之类的硅技术组件，输出三相交流电。而变速驱动器则采用类似的硅技术组件，利用电路来控制电动机的速度，无论是直流电动机（串励、并励或复励电动机）还是诸如感应电动机的交流电动机。

12.3.2 太阳能逆变器——并网型与离网型

并网型：这些太阳能逆变器直接连接到公用电网。一般来说，没有像电池这样的备用储能系统。尽管在全球范围内太阳能容量的增加使电池储能系统的容量也逐渐增加。这种太阳能逆变器还需要电网相关的监测、反馈和安全保护功能，这些功能在用于向公用事业公司出售电力时是必不可少的特征。

离网型：太阳能逆变器独立于公用电网运行，它们通常具有备用系统（如电池、柴油发电机等）。这些不需要大量的监测，但出于安全考虑，部分地方的监测受到重视。当连接公用电网的电源出现问题，主要是在停电期间，或者在偏远地区不能以低成本高效益的方式安装时，通常安装离网型系统。

12.3.3　太阳能逆变器的性能和特点（并网型）

太阳能逆变器与变速驱动器中所使用的标准逆变器的区别仅在于辅助控制和监控功能（通常为软件）不同。

在标准IGBT技术中，除了普通的电气规范（NEC、NEMA等）外，太阳能逆变器的功能主要由美国保险商实验室（UL）和加州能源委员会（CEC）来设定。准则包括：

1）并网逆变器必须包含控制和监控功能（如下所列）。

2）并网逆变器必须具有最大功率点跟踪（MPPT）系统。

3）需要对以下参数进行电力监控：电压、电流、功率因数、频率、谐波以及与公用电网的同步。

4）如第6章和第17章所述，需要采取防孤岛效应措施（并网系统）。

5）接地故障监控至关重要。

6）外壳应适用于相关IEEE标准中的给定环境，并符合其他NEMA IP标准。

7）必须提供用于隔离和避免孤岛事件的通信端口，以防止系统故障并防止危害生命。

12.3.4　太阳能逆变器——最大功率点跟踪

通常在直流侧，太阳能组件的功率输出根据电压的函数而变化，可以通过改变系统电压找到最大功率点来优化发电。因此大多数太阳能逆变器都具有MPPT功能。图12.3显示了这种机制的 $i-v$ 特性，其中 P_{max} 是在光照和黑暗条件下 $i-v$ 曲线上的最大功率。

$$P_{max}=V_{max}I_{max} \tag{12.1}$$

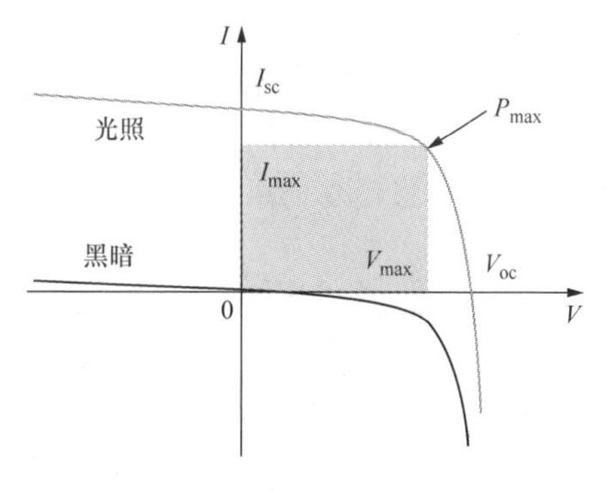

图12.3　MPPT系统的典型 $i-v$ 特性

12.3.5　太阳能逆变器——功率监控

太阳能逆变器的功率监控应满足以下条件：

1）一个好的市民在不用电的时候应节约能源。

2）监测必须符合公用电气标准（效率和损耗）。

3）遵循的标准通常为UL1741或CEC标准，但具体可由当地公用电网确定。

4）输出功率需要是纯净、不失真的，并且与公用电网同步。它应该是一个纯净的正弦波。

5）大多数太阳能逆变器都有一个监控系统，可以检测公用电网波形（电压、电流、功率因数、频率），并提供相一致的输出。需要注意保持正弦曲线的性质和电能质量。

6）现代并网逆变器具有固定的单位功率因数，这意味着输出电压和电流完美重合，其相位角在交流电网的1°以内。

12.4 逆变器引起的直流偏置

逆变器电路通常会引入一定量的直流偏移电压，也称为直流偏置。这可能导致变压器磁心中磁通量的饱和。为了避免这种现象，使用了不同类型的逆变电路：

1）6 极逆变电路；

2）12 极逆变电路；

3）24 极逆变电路；

4）采用 IGBT 的脉宽调制（PWM）逆变电路。

如上所使用的各种电路也可能引起换相。当一个以上的电路元件同时承载电流而导致小部分占空比时间短路时，就会发生换相。如果允许持续更长的工作周期（>50%），可能会导致严重后果。

12.5 与变压器相关的典型 DPV 发电系统及其特性

并网 DPV 发电系统的常见组件是太阳能发电机、逆变器、电子 *RLC* 滤波器和连接到电网的开关，如图 12.4 所示。

图 12.4 所示的交流模块是将逆变器和光伏模块集成到一个电气设备中。它消除了光伏模块之间的失配损耗，因为只有一个光伏模块，并且支持将光伏模块和逆变器调整到最佳效果，以便支持单个 MPPT。由于模块化结构，故存在容易扩大系统的可能性。固有的特征是可能成为“即插即用”的设备，可供没有掌握电气安装相关知识的人使用。另一方面，由于更复杂的电路拓扑结构，故必要的高压放大可能降低整体效率并提高每瓦的价格。目前，交流模块的大批量生产，使得制造成本和零售价格得以降低。本解决方案采用基于 IGBT 或 MOSFET 的自换相 DC－AC 逆变器。

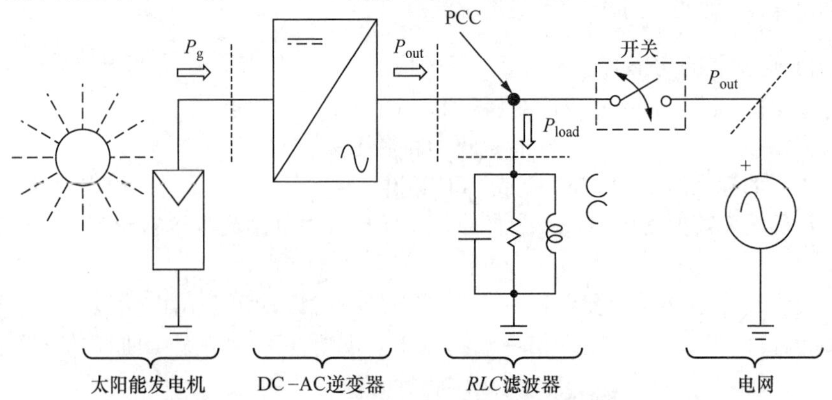

图 12.4 典型的 DPV 发电系统单线图

12.6　逆变器拓扑的类型

有三种类型的变换器：中央逆变器、串式逆变器、面向模块或模块集成的逆变器。

串式和多串式系统是一个或多个光伏串与地的组合，如图12.4所示。逆变器应为具有或不具有嵌入式高频变压器的单级或双级式结构。输入电压可以足够高以避免电压放大。对于欧洲系统，这需要大约16个光伏模块串联。

16个光伏模块的总开路电压可能达到720V，这需要1000V的MOSFET/IGBT/IGCT以允许半导体75%的电压降额。然而，正常工作电压低至450~510V。如果使用DC-DC变换器或工频变压器进行电压放大，则存在使用较少光伏模块串联的可能性。

12.7　典型逆变器

一些硅器件如图12.5所示。IGBT是过去30年来使用的常规器件。IGCT是一种较新的器件，可以有效地用于能量转换。

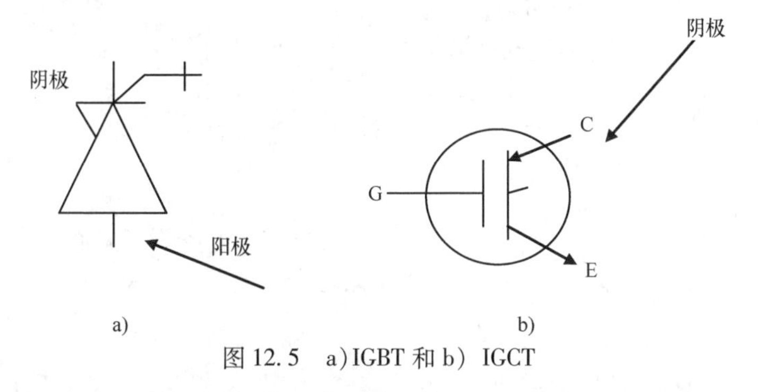

图12.5　a）IGBT和b）IGCT

12.8　太阳能逆变器——防孤岛效应

12.8.1　防孤岛效应（并网型系统）

大多数逆变器通过以下几个方面来检测孤岛效应：

1）系统频率突变；

2）电压幅值突变；

3）df/dt（频率变化率）突变；

4）输出有功功率（kW）的突增，且远远超出预期的“正常”水平；

5）输出无功功率（kvar）的突变，且远远超出预期的“正常”水平；

6）UL 1741规定了美国防孤岛保护的要求（与IEEE 1547一致）；

7）在控制回路中使用具有少量正反馈的锁相环（PLL）来模拟实用程序，以实时连续检查电网连接。

12.8.2 防孤岛效应的例外情况

公用电网级光伏装置的新要求（“幕后”）包括 DC 1000V，而不是最大 DC 600V，无 UL，并且由于在变电站级别进行控制，不需要防孤岛效应。在现实中，存在着防孤岛效应的“对立面”。它也适用于美国联邦能源管理委员会（FERC）的低电压、故障穿越和编号为 661A 的低电压穿越标准，以及西部电力协调委员会（WECC）有关功率因数校正（无功功率控制）的低电压穿越标准 PRC－024－1－CR。

12.9 并网逆变器和同步逆变器

并网逆变器（GTI）或同步逆变器是一种特殊类型的功率逆变器（见图 12.6 和图 12.7），它将直流电（DC）转换为交流电（AC），并将其馈入现有电网。并网逆变器通常用于将许多可再生能源（例如太阳电池板或小型风力发电机）产生的直流电，转换为给家庭和企业供电的交流电。并网逆变器的技术名称是电网交互式逆变器。电网交互式逆变器通常不能用于没有公用电网的独立环境中。当发电源生产过剩的电力时，电力被回馈到电网，然后出售给当地的电力公司。在电力不足的情况下，则允许从电力公司购买电力。许多国家允许拥有并网电气系统的住宅和企业将其电力出售给公用电网。输送到电网的电力可以通过几种方式来补偿。净计量是指拥有可再生能源电力的实体从公用电网部门获得的电力净流出补偿。例如，如果在给定的一个月内，电力系统向电网供电 500kW · h，并从电网使用 100kW · h，它将获得 400kW · h 的补偿。在美国，净计量政策因管辖范围而异。另一个政策是上网电价，基于生产者与电力分公司或其他权力机构签订的合同中的特殊关税，生产者为每千瓦时电力付费。

图 12.6 光伏并网逆变器

在美国，电网交互式电力系统受到国家电气规范中特定条款的约束，该规定还要求对电网交互式逆变器提出某些要求。

图 12.7　商用和公用事业级并网光伏发电系统的大型三相逆变器示例

12.9.1　典型操作

逆变器将直流电转换为交流电，以便可以馈入电网。并网逆变器必须使用本地振荡器使其频率与电网的频率（例如，50Hz 或 60Hz）同步，并将其电压限制在不高于电网电压的范围内。高质量的现代并网逆变器具有固定的单位功率因数，这意味着其输出电压和电流完美重合，并且其相位角在交流电网的 1°范围内。逆变器有一个机载计算机，可以检测当前的交流电网波形，并输出一个与电网相对应的电压。

如果公用电网发生故障，并网逆变器也可以实现快速与电网断开。这是 NEC 做出的要求，以确保在停电的情况下，并网逆变器能与电网断开，以防止其产生的电力危害电网的线路维修工人。

正确设定是：并网逆变器使业主能够使用可替代发电系统，如太阳能或风力发电，而无须广泛的重新布线并且无须使用电池。如果可替代发电系统产生的电力不够，差额将从电网进行补充。

每个逆变器的重新启动时间间隔 1min，以减轻可能存在的电能质量影响。太阳电

池的典型 $i-v$ 特性如图 12.8 所示。

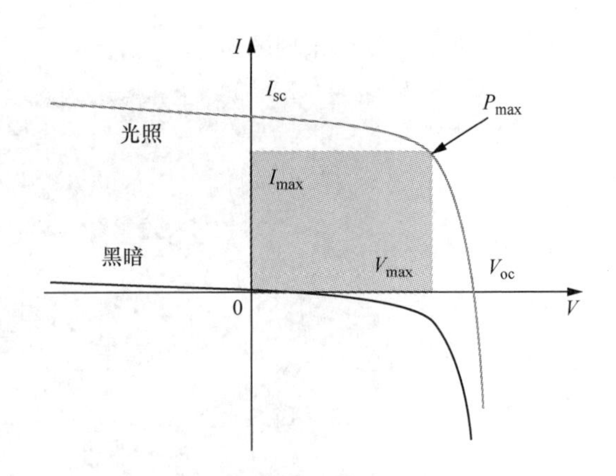

图 12.8 太阳电池的电流 - 电压特性：矩形的面积表示输出功率；P_{max}表示最大功率点

12.9.2 技术

目前市场上可用的并网逆变器使用许多不同的技术。逆变器可以使用较新的高频变压器、传统的低频变压器，也可以不使用变压器。高频变压器不是将直流电直接转换为 120V 或 240V 的交流电，而是采用计算机化的多步骤过程，包括将电源转换为高频交流电，然后转换回直流电，最后再转换为交流电压输出。无变压器的逆变器比同类型有变压器的逆变器更轻且更有效率，在欧洲很受欢迎。然而，无变压器的逆变器进入美国市场的速度很慢，因为历史上曾担心无变压器的电气系统会将电力反馈入公用电网。由于直流和交流电路之间缺乏电气隔离，危险的直流故障可能会传输到交流侧。然而，自 2005 年以来，NFPA 的 NEC 接受了无变压器（或非隔离）的逆变器，通过消除所有太阳能电力系统接地的问题，并规定了新的安全要求。VDE 0126 - 1 - 1 和 IEC 6210 也进行了修改，以允许和定义此类系统所需的安全机制。首先，使用接地电流来检测可能存在的故障。然后进行绝缘测试，以确保 DC - AC 分离。

市场上的大多数并网逆变器输入侧包括最大功率点跟踪器（MPPT），使得逆变器能够从其电源中获得最大功率。由于 MPPT 算法对于太阳电池板和风力发电机是不同的，因此对于不同的发电源需要使用特制的逆变器。

12.9.3 特征

逆变器制造商在其产品线中会发布逆变器的数据手册。虽然术语和内容会因制造商而异，但数据手册通常包括以下信息：

- 额定输出功率：该值以 W 或 kW 为单位。对于一些逆变器，可能根据不同的输出电压来提供额定输出值。例如，如果逆变器可以配置为 AC 240V 或 AC 208V 输出，则每种配置的额定输出功率可能不同。

- 输出电压：该值表示逆变器可连接的公用电压。对于设计用于住宅用途的小型逆变器，输出电压通常为 AC 240V。针对商业应用的逆变器额定值为 AC 208V、240V、277V、400V 或 480V，也可能产生三相电。

- 峰值效率：峰值效率代表逆变器能达到的最高效率。截至 2009 年 7 月，市场上的大多数并网逆变器的峰值效率均超过 94%，有些高达 96%。变换期间的能量损失大部分转化为热量。这意味着为了使逆变器能够输出额定功率，需要提供超过输出的功率输入。例如，以全功率运行且效率为 95% 的 5000W 逆变器需要输入 5263W（额定功率除以效率）。能够在不同交流电压下产生功率的逆变器可以具有与每个电压相关联的不同效率。

- CEC 加权效率：该效率由加州能源委员会（CEC）在其 GoSolar 网站上公布。与峰值效率相比，该值是平均效率，能更好地反映逆变器的运行特性。能够在不同交流电压下产生功率的逆变器可能具有与每个电压相关联的不同效率。
- 最大输入电流：这是逆变器使用的最大直流电流。如果诸如太阳能阵列的直流电源产生的电流量超过最大输入电流，则该电流将禁止流入逆变器。
- 最大输出电流：最大输出电流是逆变器提供的最大连续交流电流。该值通常用于确定过电流保护装置（例如断路器和熔断器）和断开输出电路所需的最小额定电流。能够在不同交流电压下产生电力的逆变器对于每个电压将具有不同的最大输出值。
- 峰值功率跟踪电压：这表示逆变器的最大功率点跟踪器运行时的直流电压范围。系统设计人员必须对线路（strings）进行最佳配置，使得在一年的大部分时间内，线路电压都在此范围内。这可能是一项艰巨的任务，因为电压会随温度变化而波动。
- 起动电压：所有的逆变器数据表中均未列出该值。该值为使逆变器起动并开始运行所需的最小直流电压。这对于太阳能应用尤其重要，因为系统设计人员必须确保在每个线路中有足够数量的太阳能模块串联以产生该起动电压。如果制造商不提供这个值，系统设计人员通常将峰值功率跟踪电压范围内的较低段作为逆变器所需的最小电压。
- 进入防护（IP）等级：IP 等级或 IP 代码将固体异物（第一个数字）或水（第二个数字）的防护等级进行分类和评定——数字越大意味着保护等级更高。在美国，NEMA 评级与国际评级相似。大多数逆变器在户外安装时被评定为 IP45（无防尘）或 IP65（防尘）的等级，在美国，则要符合 NEMA 3R（无防风防尘）或 NEMA 4X（风吹灰尘、直接溅水和额外的防腐蚀保护）的等级。

12.10　太阳能微逆变器

太阳能微逆变器将来自单个太阳电池板的直流电转换为交流电（见图 12.9）。源自几个微逆变器的电力被合并并被馈送到现有的电网中。传统的串联或中央逆变器装置被连接到多个太阳电池板，微逆变器与之形成鲜明的对比。

微逆变器具有优于常规中央逆变器的几个优点。主要优点在于，即使任何一个太阳电池板被少量阴影遮蔽，或者是被碎片、雪线覆盖，或者任何一个电池板存在故障，这些情况都不会不成比例地减少整个阵列的输出。每个微逆变器通过为其连接的电池板执行 MPPT 而获得最佳功率。

它们的主要缺点是，与等效功率的中央逆变器相比，它们在每峰值功率都有更高的设备初始成本，并且它们通常位于电池板附近，这可能使得维护变得更加艰难。然而，这些问题通过具有良好耐久性和初始安装便捷性的微逆变器来平衡。

图 12.9　太阳能微逆变器

最近的发展是微逆变器接收来自两个太阳电池板的直流输入，而不是一个电池板。它们在每个连接的电池板上都执行独立的 MPPT。这降低了设备成本，并使得基于微逆变器的光伏发电系统的设备成本与使用组串逆变器的成本相当。

12.11　组串逆变器

太阳电池板产生的直流电压取决于模块的设计和照明条件。使用 6in⊖ 电池的现代电池板通常包含 60 个电池，能产生额定 30V 电压。为了变换成交流电，将电池板串联以有效地形成单个大型阵列，其额定值为 DC 300 ~ 600V。然后输入到逆变器，将其变换为标准交流电压，北美市场通常为 AC 240V/60Hz，欧洲为 AC 220V/50Hz。

这种组串逆变器的主要问题在于：这些组串的电池板就像是一个单一的、更大的电池板，被评为最差的单个电池板。例如，如果一个组串中的一个电池板由于一些制造缺陷而具有 5% 的高电阻，那么整个组串的性能将会降低 5%（或左右）。这种情况是动态的，如果电池板有阴影遮蔽，那么它的输出将显著下降，即使其他电池板没有阴影遮蔽，该电池板也会影响整个组串的输出。并且任何轻微的方向改变也会导致输出不匹配。

此外，电池板的输出效率将很大程度受到逆变器所连接的负载的影响。为了最大限度地提高产量，逆变器使用一种被称为最大功率点跟踪（MPPT）的技术，以通过调整所应用的负载来确保最佳的电力输出。然而，导致输出因电池板而异的相同问题会影响 MPPT 系统所连接的负载。如果单个电池板在不同点运行，那么组串逆变器只能看到整体变化，并将 MPPT 点移动到匹配位置。这不仅会导致有阴影遮蔽的电池板的损耗，还会导致其他所有电池板的损耗。在某些情况下，光伏发电系统表面阵列的 9% 的阴影遮蔽可能会导致系统范围内的功率损耗高达 54%。

⊖ 1in≈2.54cm，后同。

另一个很小的问题，组串逆变器在可选择的功率等级上有一定的限制。这意味着给定阵列通常会将逆变器的额定值升高到超过面板阵列额定值的下一等级的最大额定值。例如，2300W 的 10 面板阵列可能需要使用 2500W 或甚至 3000W 的逆变器，才能补偿不能使用的变换功能。随着时间的推移同样的效果使得阵列大小的改变更为困难，但是当有可用资金时我们可以增加功率。对于微逆变器，即使与原始类型不匹配，也可将不同等级的太阳电池板添加到阵列中。

与集中式逆变器相关的其他挑战，包括设备定位所需的空间和散热要求。大型中央逆变器通常是主动冷却的。散热风扇产生噪声，因此必须考虑逆变器相对于办公区域和占用区域的位置关系。

12.12　微逆变器

微逆变器是小型逆变器，可以处理单个电池板的输出。现代并网电池板的额定功率通常在 220～245W 之间，但在实际中很少采取该额定功率，因此微逆变器的额定功率通常在 190～220W 之间。因为它在这个低功率点运行，所以许多大型设计中固有的设计问题就消失了；同时也可以省去对大型变压器的需求，可以用更可靠的薄膜电容器来代替大型电解电容器，并且减少需要进行冷却的负载，从而不需要风扇。平均无故障时间（MTBF）在几百年内被人们引用。

更重要的是，连接到单个电池板的微逆变器允许隔离和调谐该电池板的输出。双微逆变器需要用两块电池板来完成输出。例如，在与上述示例相同的 10 面板阵列中，通过使用微逆变器，任何效果不好的面板将对其周围的面板没有影响。在这种情况下，阵列作为一个整体将产生比组串逆变器高 5% 的功率。如果存在遮蔽，并且将其考虑在内时，这些效益可能会变得相当可观，制造商通常要求产量至少提高 5%，在某些情况下甚至要高出 25%。

微逆变器直接在电池板的背面产生电网匹配功率。面板阵列相互并联，然后连接到电网进行馈电。主要的优点是单个电池板或逆变器发生故障不会使得整个组串离网。如果通过结合较低的功率和热负载来改善 MTBF，那么基于微逆变器系统的整体阵列的可靠性将显著高于基于组串逆变器的系统。与组串逆变器典型的 5 年或 10 年保修期相比，更长的保修期支持了以上的声明，通常为 15～25 年。此外，当发生故障时，它们可以识别到单个点，而不是整个组串。这不仅使故障隔离更加容易，而且揭示了可能永远看不到的次要问题——单个效果不好的电池板可能不会影响一个小的组串电池板的输出。

截至目前，微逆变器概念的主要缺点是成本问题。因为每个电池板都必须重复组串逆变器的大部分复杂性，所以成本略高。这在各个组件的简化方面抵消了微逆变器之前所具有的优势。截至 2010 年 10 月，中央逆变器的成本约为 0.40 美元/W，而微逆变器的成本约为 0.52 美元/W。像组串逆变器一样，经济方面的考虑迫使制造商限制他们生产的模块数量，大多数产品与特定电池板匹配时，可能会出现过大或过小的单一模块问题。随着价格的不断降低，引入双微逆变器接受来自两块太阳电池板的直流输入，其型号选择的广泛性使得光伏模块的输出更加有效率，并且成本不再是一个阻碍性的问题，因此微逆变器可能会应用得更广泛。2011 年，引入的双微逆变器接收来自两个太阳能模块而不是一个太阳能模块的直流输入，设备成本降低，使得基于这种微逆变器的光伏发电系统的成本与使用组串逆变器的成本相当。

微逆变器在阵列尺寸较小情况下的应用已很普及，但每个电池板的性能最大化方面仍是一个问题。在这些情况下，由于电池板数量少，每瓦特的价格差异已达到最小化，对整体系统成本影响并不大。对于给定的固定尺寸的阵列，改进其能量收集可以抵消成本上的差异。因此，微逆变器在住宅市场上取得了最大的成功，其中有限的电池板空间限制了阵列尺寸，并且附近的树木或其他房屋带来的阴影遮盖也是一个问题。微逆变器制造商列出了许多装置，有些装置小到单个电池板，大多数装置在约 50 个电池板以内。

微逆变器概念自提出以来一直应用于太阳能行业。然而，制造中的净成本，像变压器或外壳的成本，与尺寸相关，这意味着更大的设备本身在每瓦特的价格上更便宜。小型逆变器可从 ExcelTech 等公司购买，但这些只是之前大型设计中的小型设计版本，其性价比低，并且针对的是利基市场。

1991 年，美国 Ascension Technology 公司开始研究基本上是传统逆变器的缩小版本，旨在安装在电池板上以形成交流面板。由于该设计基于传统的线性调节器，它的效果不是特别好，并且散热量相当大。1994 年，他们运送了一个样本到桑迪亚实验室进行测试。1997 年，美国 Ascension Technology 公司与美国电池板公司 ASE Americas 合作推出了 300W SunSine 电池板。

现在被认为是真正的微逆变器的设计可以追溯到 20 世纪 80 年代后期，由 Werner Kleinkauf 在德国太阳能研究所（ISET）所做的工作。这些设计基于效率更高的现代高频开关电源技术。他在模块集成变换器方面的工作具有很大的影响力，尤其是在欧洲。

1993 年，Mastervolt 基于与 Shell Solar、Ecofys 和 ECN 的合作，推出了第一款并网逆变器 Sunmaster 130S（见图 12. 10）。130S 被设计成直接安装在电池板的背面，使用压力接头同时连接交流和直流线路。到 2000 年，Soladin 120 取代了 130S，这是一种交流适配器形式的微逆变器，只需要将它插入墙壁插座即可连接电池板。

1995 年，OKE - Services 设计了一种效率更高的新型高频版本，由 NKF Kabel 于 1995 年将其商业化为 OK4E - 100 推出，并由 Trace Microsine 重新命名在美国销售（见图 12. 11）。新版 OK4All 提高了效率并具有更宽的工作范围。

尽管有这个良好的开端，但到 2003 年，大部分项目都已经结束。Ascension Technology 公司被大型集成商公司 Applied Power Corporation（APC）收购。APC 于 2002 年被 Schott 收购，SunSine 的生产被取消了，但是取消是有利于 Schott 现有的设计的[18]。在 2003 年补贴计划结束时，NKF 终止了 OK4 系列的生产。Mastervolt 已经转向研究一系列微逆变器，结合了易于使用的 120 系统，并将该系统设计为支持高达 600W 的电池板的系统。Enphase M175 是 2008 年发布的第一款成功商用的微逆变器，截至 2011 年 9 月，该公司出货量达到百万台，在加州光伏住宅市场的占有份额从 2008 年 7 月的 0% 增长到 2011 年 7 月底的 30%[21]。带反馈的逆变器如图 12. 12 所示。

图 12.10　Mastervolt 于 1993 年发布的第一款真正的微逆变器 Sunmaster 130S

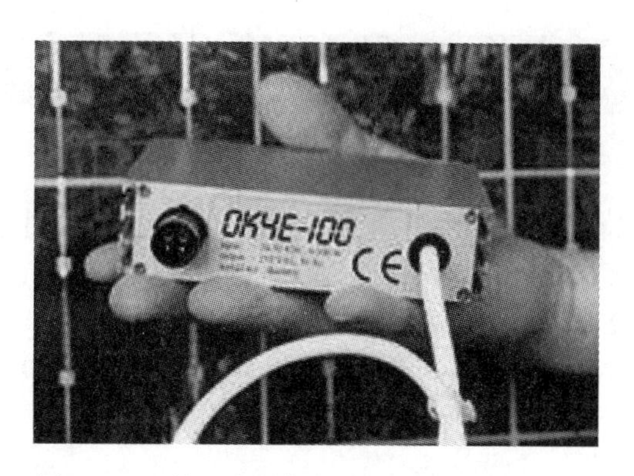

图 12.11　另一个早期的微逆变器 OK4E－100（1995 年）（E 为欧洲，100 为 100W）

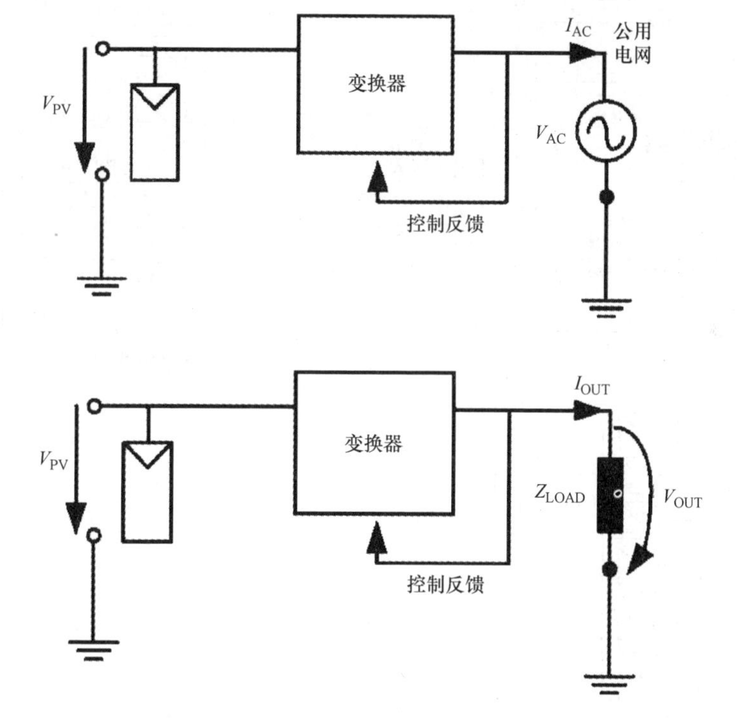

图 12.12　具有反馈到电网或负载的逆变器

自 2009 年以来，从欧洲到中国，包括主要的中央逆变器制造商在内的几家逆变器制造商纷纷推出微逆变器，这一举动证明了微逆变器技术已经成熟，并成为近年来光伏行业中最大的技术转型之一[22]。

12.13 中央逆变器、面向模块或模块集成的逆变器和组串逆变器

中央逆变器在直流侧并联和/或串联连接。一个逆变器用于整个光伏电站（通常分为几个通过主从模式来管理的单元）。该拓扑的额定功率高达几兆瓦。具有多个模块的面向模块的逆变器通常在直流侧串联连接，在交流侧并联。这种光伏电站的额定功率高达几兆瓦。此外，在模块集成的逆变器拓扑中，每个光伏模块具有一个变换器，并在交流侧并联连接。在这种拓扑结构中，主要监督的核心措施实施是必要的。

不同技术和方向的光伏组串（图 12.13）的集成要求遵循电网所定义的要求来实

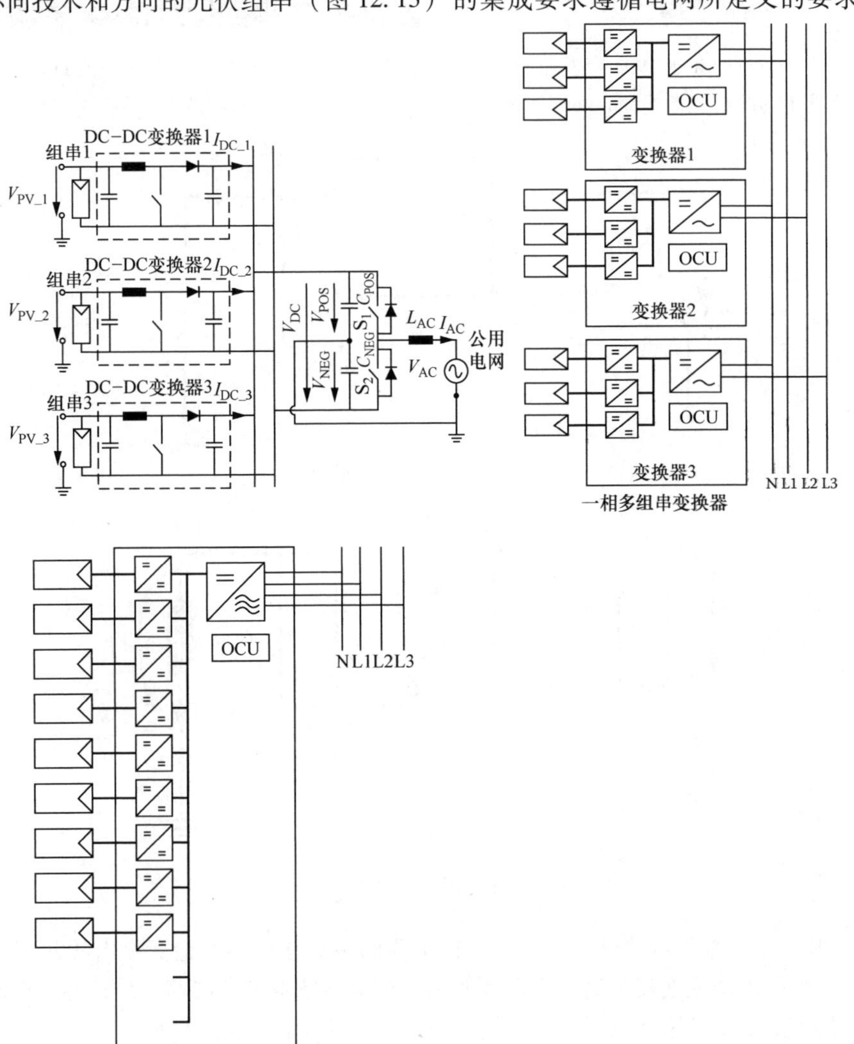

图 12.13　多组串逆变器

现。EN标准（在欧洲应用）允许更高的电流谐波，并且有相应的IEEE和IEC标准（见表12.1）。注入电流受到限制，以避免配电变压器的饱和。极限值相当小（额定输出电流的0.5%和1.0%），并且这些极小值难以用逆变器内部的励磁电路来精确地测量。这可以通过改进的测量电路或通过在逆变器和电网之间引入工频变压器来缓解。

一些逆变器使用嵌入在高频DC－DC变换器中的变压器实现光伏模块和电网之间的电气隔离。然而，这并不能解决直流注入的问题，而是使光伏模块的接地更容易。

1）孤岛效应是指在电网遭受故意、意外或损坏的情况下逆变器仍能继续运行。

2）检测方案包括有源和无源方案。

① 无源方案监控电网参数。

② 有源方案会对电网造成干扰并监控。

3）换句话说，电网已与逆变器断开，然后只供应本地负载。

4）NEC 690标准确保系统接地并监测接地故障。

5）在没有电气隔离的情况下，其他电路板只需要光伏模块的设备接地。

6）设备接地就是当框架和其他金属部件连接到地面时的情况。

表12.1　不同标准规定的谐波含量

项目	IEC61727[3]	IEEE1547[5]	EN6100－3－2[4]
额定功率	10kW	30kW	16A×230V＝3.7kW
谐波电流	（3－9）4.0%	（2－10）4.0%	（3）2.30A
（次数－h）限制	（11－15）2.0%	（11－16）2.0%	（5）1.14A
	（17－21）1.5%	（17－22）1.5%	（7）0.77A
	（23－33）0.6%	（23－34）0.6%	（9）0.40A
		（>35）0.3%	（11）0.33%
			（13）0.21A
			（15－39）2.25/h
	这些范围内的偶次谐波小于25%的奇次谐波限值		30%的奇次谐波
最大电流THD	5.0%		—
50%额定功率时的功率因数	0.9	—	
直流电流注入	小于额定输出电流的1%	小于额定输出电流的0.5%	在50W半波整流下小于0.22A
正常运行电压范围	85%～110%（196～253V）	88%～110%（97～121V）	—
正常运行频率范围	（50＋1）Hz	59.3～60.5Hz	—

12.13.1　注入电网的功率

图12.14显示了电网中的功率。

- 必须进行解耦。

- p 是瞬时值。
- P 是平均值。

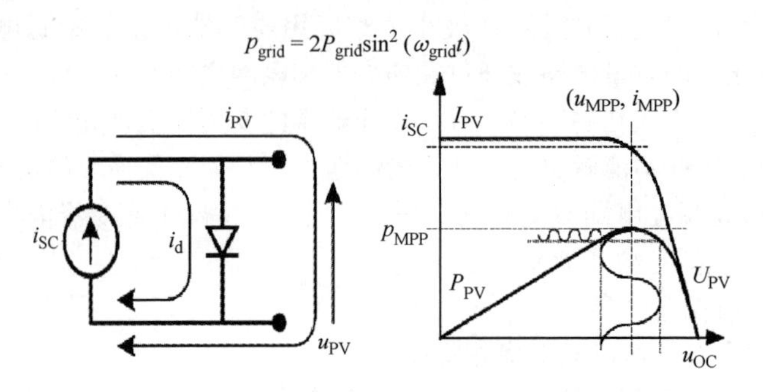

图 12.14　电网中的功率

12.13.2　光伏模块的需求定义

逆变器必须保证光伏模块运行在最大功率点（MPP），因为 MPP 是获得最多能量的运行条件。这一切是通过 MPPT 算法实现的。最大功率点跟踪器是一种高效率的 DC - DC 变换器，它可以向太阳电池板或阵列提供最佳的电力负载，并产生适合负载的电压。

光伏电池具有单个工作点，其中电池电流（I）和电压（V）的值产生最大输出功率。这些值对应于特定电阻，其等于欧姆定律所定义的 V/I。光伏电池的电流和电压之间具有指数关系，MPP 发生在曲线的拐点处，此时的电阻等于差分电阻的负值（$V/I = -\mathrm{d}V/\mathrm{d}I$）。最大功率点跟踪器利用某些类型的控制电路或逻辑来搜索该点，从而允许变换电路提取从电池获得的最大功率。如薄膜硅、非晶硅和光电化学（PEC）等新技术为目前制造的光伏电池提供最大功率（见图 12.15）。

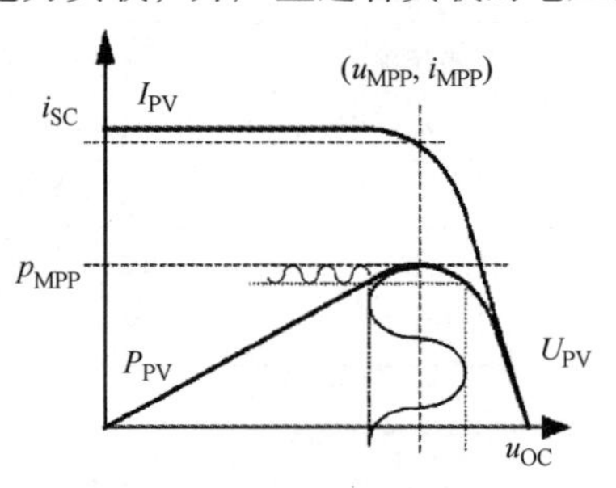

图 12.15　较新的光伏电池的 MPPT

12.13.3　最大功率点跟踪器的特性

以下是最大功率点跟踪器特性的一个示例：波纹电压应低于 MPP 电压的 8.5%，以达到 98% 的利用率：

$$\hat{u} = \sqrt{\frac{2(k_{PV}-1)P_{MPP}}{3\alpha U_{MPP}+\beta}} = 2\times\sqrt{\frac{(k_{PV}-1)P_{MPP}}{\dfrac{\mathrm{d}^2 p_{PV}}{\mathrm{d}u_{PV}^2}}} \tag{12.2}$$

式中，$\hat{u}$是电压纹波的幅值；P_{MPP}和 U_{MPP}是 MPP 处的功率和电压；α 和 β 是描述电流的二阶泰勒近似系数；利用率 k_{PV}为平均发电功率除以理论 MPP 功率。

12.13.4　高效性

- 输入电压和输入功率范围广。
- 太阳辐射和环境温度的监测范围很广。

12.13.5　可靠性

大多数光伏模块制造商承诺其生产的光伏模块的效率能达到初始效率的 80%。逆变器内的主要限制组件是用于光伏模块和单相电网之间的电源解耦的电解电容器。然而，假定温度恒定，当逆变器放置在室内并且忽略电容器内部的功率损耗时可以近似处理，但是当逆变器与光伏模块集成在一起时，对于交流模块，一定不能忽略损耗。在温度变化的情况下，必须使用有关平均值来确定使用寿命。

12.13.6　光伏逆变器的拓扑结构

12.13.6.1　集中式逆变器

串联连接（组串）的光伏模块通过串联二极管并联连接（见图 12.16）。这些逆变器有以下缺点：光伏模块和逆变器之间具有高压直流电缆、由于集中式 MPPT 引起的功率损耗、光伏模块之间的失配损耗、组串二极管的损耗以及无法获得大规模生产收益的刚性设计。并网级通常通过晶闸管进行换相，它含有许多电流谐波，电能质量差。在新的电能质量标准下，大量的谐波来自于新的逆变器拓扑结构和系统布局。

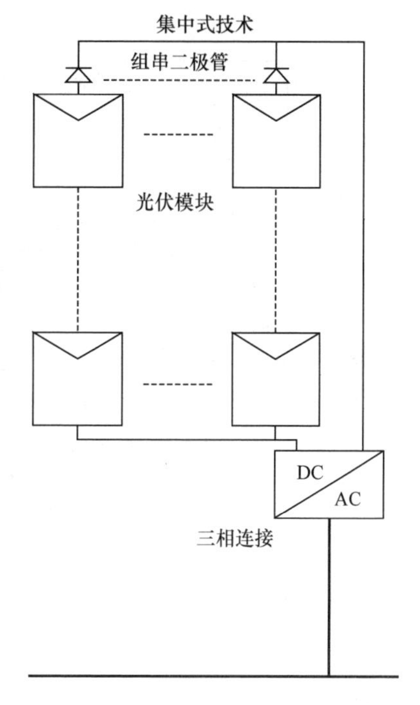

图 12.16　集中式逆变器的配置

12.13.6.2　组串逆变器

将集中式逆变器单串光伏模块的简化版连接到逆变器，串联二极管上的损耗不会下降，从而提高整体效率（见图 12.17）。输入电压可能足够高以避免电压放大。欧洲系统需要大约 16 个光伏模块串联。16 个光伏模块的总开路电压可能高达 720V，这需要 1000V MOSFET/IGBT，以便让半导体有 75% 的电压降额。然而，正常工作电压低至 450 ~ 510V。如果利用 DC - DC 变换器或工频变压器进行电压放大，则也存在串联更少的光伏模块的可能性。

12.13.6.3　交流模块

这种用作电气设备的逆变器和光伏模块，不会引起光伏模块之间的失配损耗。对于

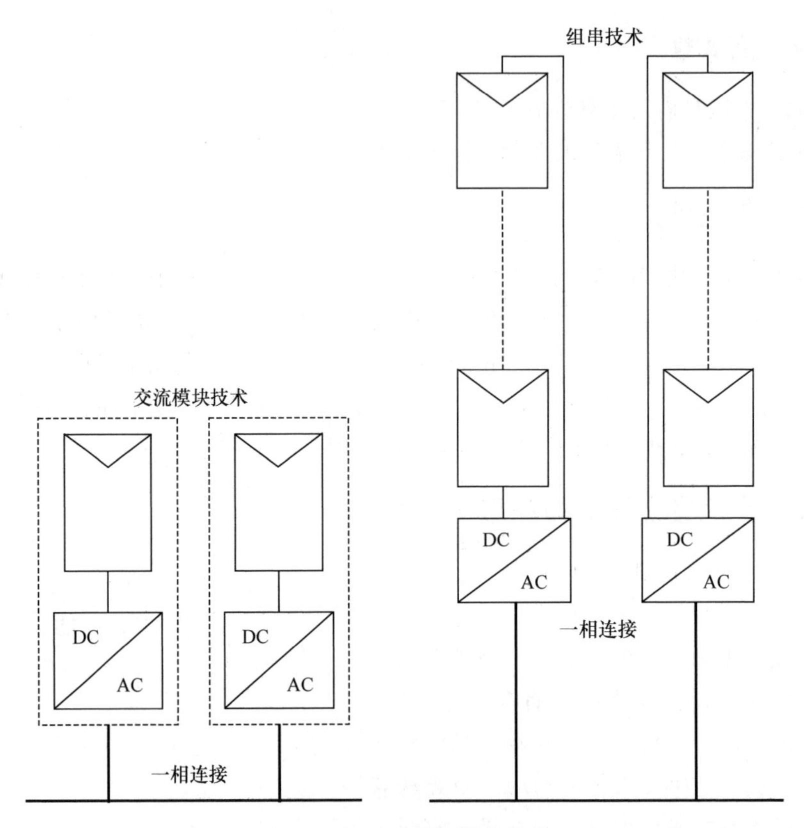

图 12.17　组串逆变器的配置

MPPT 高电压情况下的功率放大调整是很有必要的。图 12.17 所示的交流模块是将逆变器和光伏模块集成到一个电气设备中[7]。因为只有一个光伏模块，所以消除了光伏模块之间的失配损耗，并且它能支持在光伏模块和逆变器之间调整到最佳状态，从而支持单个 MPPT。由于模块化结构，系统具有扩大的可能性。它固有的特征是可能成为“即插即用”设备，并且可以由没有任何电气安装知识的人来使用。由于更复杂的电路拓扑结构，必要地提升功率会降低整体效率并提高每瓦特的价格。交流模块的大批量生产，使得制造成本和零售价格较低。本解决方案采用基于 IGBT 或 MOSFET 的自换相 DC - AC 逆变器，因此具有符合标准要求的高功率质量。

12.13.7　未来的拓扑结构

12.13.7.1　多组串逆变器

多组串逆变器控制灵活，每个组串都可以单独控制（见图 12.18）。图 12.18 所示的多组串逆变器是组串逆变器的进一步改进，其中几个组串与它们自己的 DC - DC 变换器和公共 DC - AC 逆变器相连接[7,28]。与集中式系统相比，这是有益的，因为每个组串可以单独控制。因此，操作人员可以起动自己的具有少量模块的光伏电站。由于可以将具有DC－DC变换器的新的组串插入到现有的平台中，因此可以轻松实现系统的进一步扩展。这种灵活的设计使得效率更高。

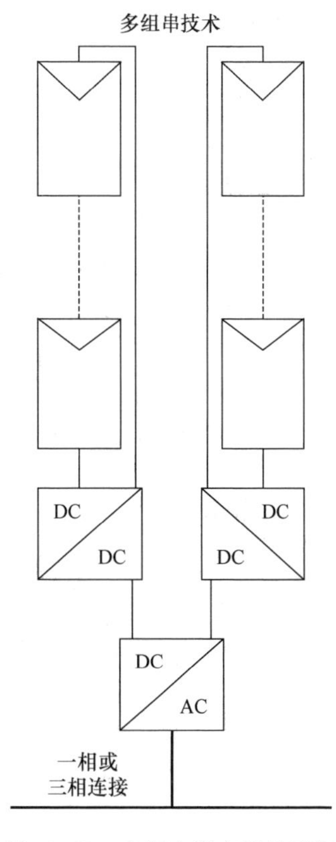

图12.18　多组串逆变器的配置

12.13.7.2　交流单元的配置

连接到电网的交流单元的一般配置如图12.19所示。一个大型的光伏单元以非常低的电压连接到DC－AC逆变器。

新变换器：这个概念在非常低的电压（0.5、1.0V和$100W/m^2$）下效果很好，它能在获得高效率的同时达到电网要求的水平。出于同样的原因，必须设计和制造全新的变换器。

12.13.7.3　逆变器拓扑结构的分类

图12.20所示的逆变器是一个单级逆变器，它必须独立处理所有任务（即MPPT、电网电流控制或电压放大）。这是集中式逆变器的典型配置，具有与之相关的所有缺点。根据参考文献［1］，逆变器必须设计为能够处理额定功率2倍的峰值功率。DC－DC变换器正在执行MPPT（或许还有电压放大）。DC－DC变换器的输出是纯DC电压（DC－DC变换器仅用于处理额定功率），或者DC－DC变换器的输出电流被调制为跟随整流正弦波（DC－DC变换器此时需要处理2倍额定功率的峰值功率），这取决于DC－AC逆变器的控制。前者是DC－AC逆变器通过脉宽调制（PWM）或Bang－Bang运行来控制电网电流。后者是DC－AC逆变器以工频切换，再将整流电流“展开”为全波正弦。在此过程中，DC－DC变换器负责电流控制。如果额定功率较低，那么第二种解决方案可以获得很高的效率。如果额定功率很高，建议在PWM模式下运行并网逆变器。每个DC－DC变换器的唯一任务是MPPT，也可能是电压放大。DC－DC变换器通过直流母线连接到公共DC－AC逆变器，该逆变器也负责并网电流控制。这种情况是很有益的，因为每个光伏模块/组串可以被更好地控制，并且普通的DC－AC逆变器均可能基于标准的VSD技术（图12.21和图12.22分别描述了双级逆变器和多组串逆变器）。

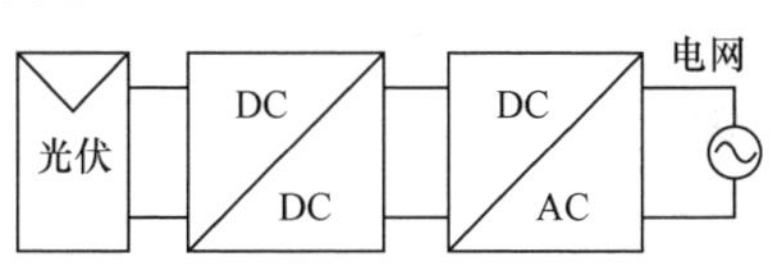

图12.19　连接到电网的AC单元的一般配置

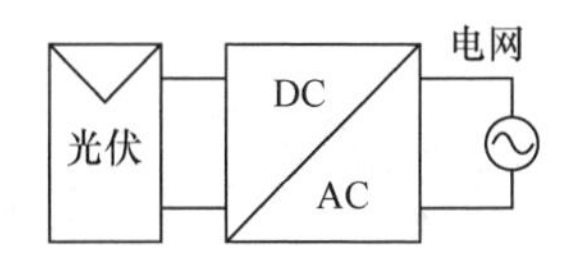

图12.20　单级逆变器

12.13.7.4 功率解耦

功率解耦通常通过电解电容器实现。如前所述，电解电容器是限制使用寿命的主要因素。因此，它应尽可能小，最好用薄膜电容器代替。如图12.23所示，电容器或者与光伏模块并联放置，或者在逆变器级之间的直流母线中放置。

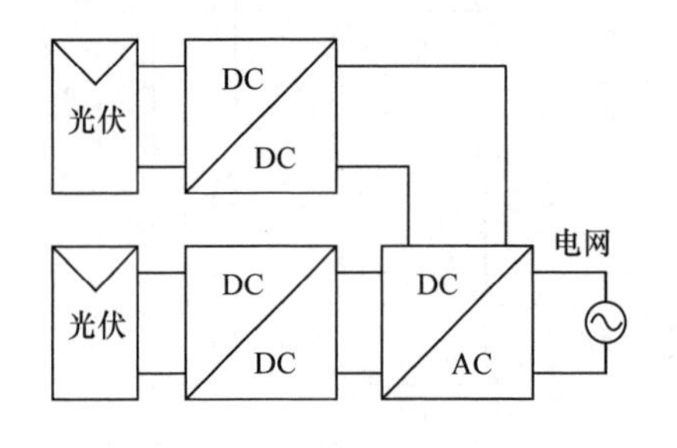

图12.21 双级逆变器

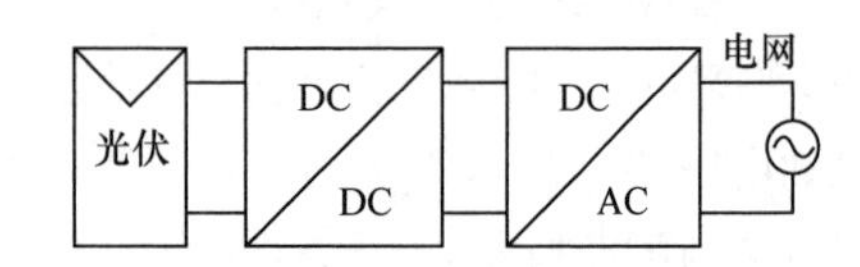

图12.22 多组串逆变器

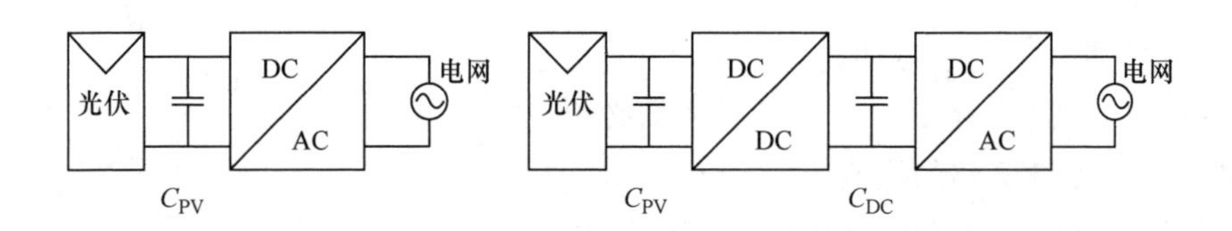

图12.23 逆变器配置的滤波 $C_{PV}=2.4\text{mF}$，$C_{DC}=33\mu\text{F}$

12.13.7.5 电容器

解耦电容器的大小如式（12.3）所示，其中 P_{PV} 是光伏模块的额定功率，U_C 是电容器两端的平均电压，$\hat{u}_C$ 是纹波幅值。式（12.3）基于以下现实条件：来自光伏模块的电流是纯净的直流，并且从并网逆变器流出的电流等于波形正弦值的二次方，并假定它为常数。

$$C=\frac{P_{PV}}{2\omega_{grid}U_C\hat{u}_C} \tag{12.3}$$

参考文献

1. 2009 Annual World Solar PV Industry Report from Market Buzz.
2. Go Solar California, The California Solar Initiative (http://www.gosolarcalifornia.ca.gov/csi/index.html).
3. Soeren Baekhoej Kjaer, John K. Pederson, and Freda Blaaberg, A review of single-phase grid-connected inverters for photovoltaic modules, *IEEE Transactions on Industrial Applications* 41(5), 2005, 1292–1306.

4. Khomfoi, Surin, and Tolbert, Leon M., Chapter 31, Multilevel power converters, 2008, The University of Tennessee.
5. Wilk, Heinrich, et al., Innovative electrical concepts, Report, International Energy Agency Photovoltaic Power Systems Program, IEA-PVPS 7-07, 2002.
6. Carrasco, Juan Manuel, et al., Power-electronic systems for the grid integration of renewable energy sources: A survey, *IEEE Transactions on Industrial Electronics* 53(4), 2006, 1002–1016.
7. Lai and Peng, TPEL 32(3), 1996.
8. IGCT Devices—Applications and future opportunities, Peter Steimer, Oscar Apeldoorn, Eric Carroll, IEEE PES, Seattle, WA, July 2000.
9. Based on J. M. Carrasco, J. T. Bialasiewicz, et al., Power-electronic systems for the grid integration of renewable energy sources: A survey, *IEEE Transactions on Industrial Electronics* 53(4), August 2006.
10. EN61000-3-2, IEEE1547.
11. U.S. National Electrical Code (NEC) 690.
12. IEC61727.
13. Zipp, Kathleen, Where microinverter and panel manufacturer meet up, Solar Power World, October 24, 2011.
14. Market and technology competition increases as solar inverter demand peaks, Greentech Media Staff from GTM Research. GreentechMedia, May 26, 2009. Retrieved on April 4, 2012.
15. Wesoff, Eric, Solar bridge and PV microinverter reliability, GreentechMedia, June 2, 2011. Retrieved on April 4, 2012.
16. Emerging Renewables Program (ERP) Final Guidebook, February 2009, CEC-300-2009-002-F.
17. California Energy Commission (CEC), Standard for safety inverters, converters, controllers and interconnection system equipment for use with distributed energy resources.
18. Underwriters Laboratories (UL) UL 1741. Note: CEC ERP includes UL 1741.
19. The Encyclopedia of Alternative Energy and Sustainable Living (http://www.daviddarling.info/encyclopedia/S/AE_synchronous_inverter.html Synchronous Inverters).
20. US4362950-1 Synchronous Inverter Compatible with Commerical Power, Dec. 7, 1982.
21. Solar Energy International, *Photovoltaics: Design and installation manual*, New Society, Gabriola Island, BC, Canada, 2006, p. 80.
22. Summary report on the DOE high-tech inverter workshop, Sponsored by the US Department of Energy, prepared by McNeil Technologies (http://eere.energy.gov), accessed June 10, 2011.
23. Go Solar California, List of eligible inverters (gosolarcalifornia.org), accessed July 30, 2009.

第 12 章的练习

1. 气象资料

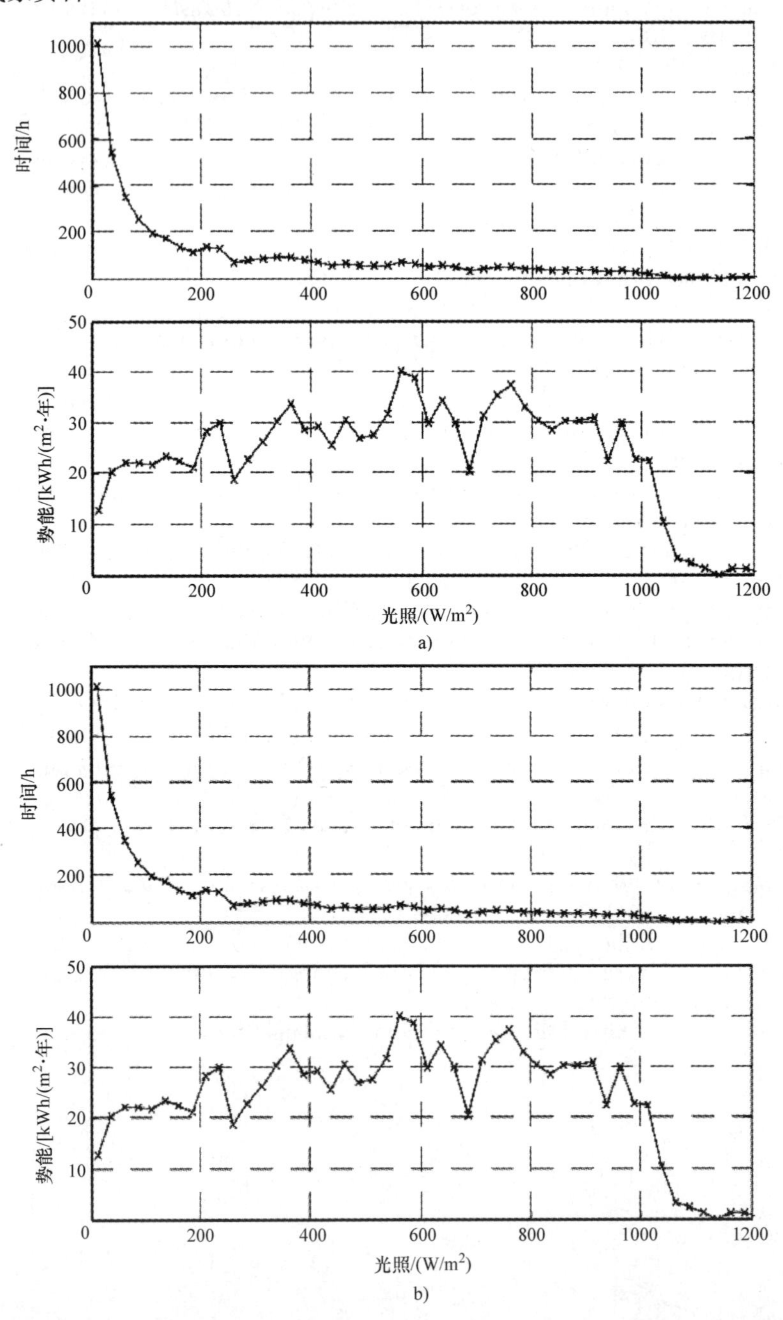

a)

b)

2. 研究发现

a. 参考年份的辐射分布。

b. 参考年份的太阳能发电量。

辐射总时间等于每年4686h。

总势能等于1150kWh/(m^2·年)≈130W/m^2。

第 13 章

分布式光伏电网变压器中的励磁涌流

分布式光伏电网变压器（DPV－GT）中的励磁涌流可高达额定电流的 10～20 倍。这主要由高压和低压侧的变压器线圈的电感性质导致。励磁涌流峰值 $I_{\max\ \text{peak}}$（A）的近似公式由下式给出：

$$I_{\max\ \text{peak}} = (1000 \times L \times B_s)/(5.2 \times N) \tag{13.1}$$

式中

$$B_s = 气隙磁通密度 = (A_c/A_s)(B残留量 + 2 \times B_{\max} = 130\text{kL/in}^2) \tag{13.2}$$

A_c＝磁心面积（in^2）；

A_s＝气隙面积（磁心绕组）（in^2）＋磁心面积（in^2）；

N＝绕组匝数［电磁线圈长度（in）］；

B 残留量＝假设为 30kL/in^2（即 5kL/cm^2）；

铁心的饱和度假设为 130kL/in^2（即 20.2kL/cm^2）。

励磁涌流峰值曲线如图 13.1 所示。

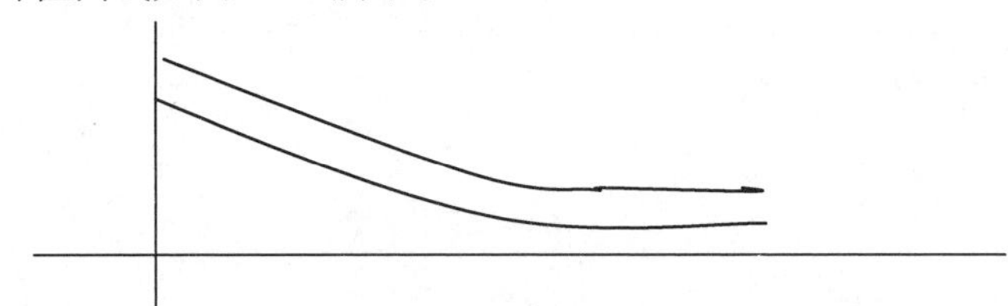

图 13.1　励磁涌流峰值曲线

13.1　变压器的浪涌电流保护

- 变压器在上电时会产生超过饱和电流的浪涌电流（图 13.2）。
- 浪涌电流会影响磁心的磁性。
- 即使当变压器在二次侧开路没有负载时，也会发生这种情况。
- 浪涌电流的大小取决于变压器接通的交流电压。
- 如果在交流电压曲线的波峰处处于开通状态，变压器将不会产生浪涌电流。在

[1] 1in＝0.0254cm，后同。

这种情况下，电流的大小为正常无负载情况下的值。

● 如果接通时，交流曲线正好通过其零点，则所得到的电流将非常大并超过饱和电流（见图 13.1）。在这种情况下，必须保护变压器免受浪涌电流的影响（见表 13.1）。

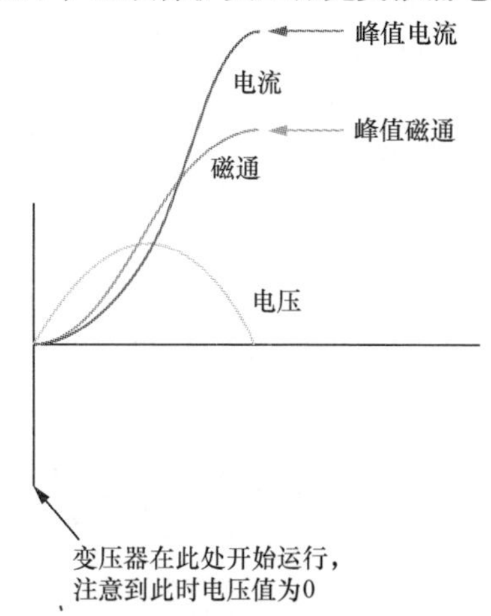

图 13.2　变压器保护的峰值电流曲线

13.2　变压器保护图

本实际应用提供了一个方便的解决方案（图 13.3），以解决在变压器中浪涌电流超过饱和电流的问题。该解决方案使用与一次侧串联的典型热敏电阻（NTC）。在开通的

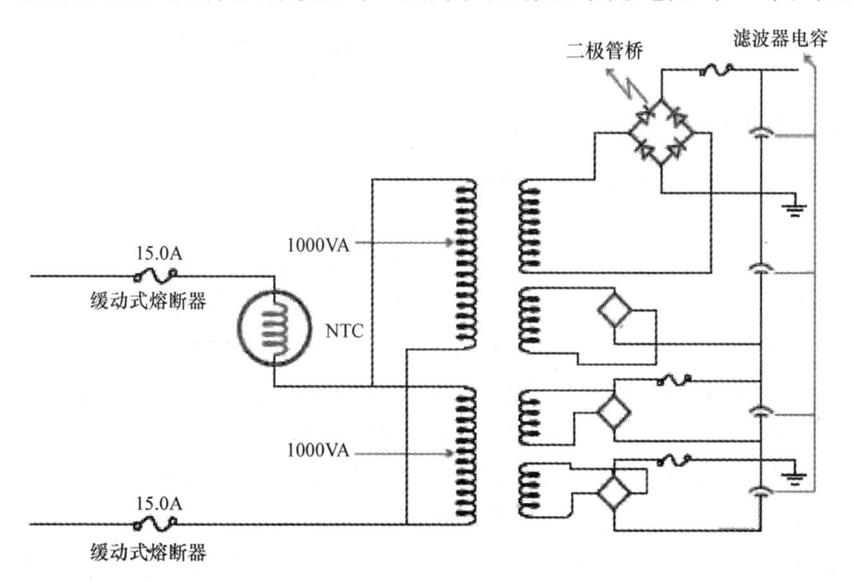

图 13.3　使用热敏电阻进行保护的典型电路

初期，该热敏电阻位于高阻值以限制浪涌电流。短时间后，热敏电阻由于自身产生的热量而降低到一个比较小的阻值，但并不影响正常工作。

考虑如下 DPV - GT：

每个变压器额定值：1000VA，变压器降压：30V；

变压器总额定值：2000VA；

使用的滤波电容：30V，2300μF。

13.2.1 选择标准 1：能量

热敏电阻所需的能量计算如下。首先计算变压器的感抗：

X_L = 电压/峰值电流 = 120V/564A = 0.213Ω

请注意以下事项：

- 在示波器上测量的一个周期内的浪涌电流峰值为 564A；
- 输入电压为 AC 120V；
- 频率为 60Hz。

$$X_L = 2\pi fL$$

因此

$$X_L = 2 \times 3.142 \times 60 \times L$$

这将会产生

$$L = 565\mu\text{H}$$

因此，热敏电阻的额定能量为

$$\text{能量} = \frac{1}{2} \times (565 \times 10^{-6}) \times 564^2\text{J} = 90\text{J}$$

13.2.2 选择标准 2：稳态电流

假设变压器的效率为 70%，环境温度为 75℃，最小输入电压值为 90V：

$$I_{\text{steady}} = \frac{(\text{变压器的 kVA 值})}{[(\text{变压器的效率}) \times (\text{最小输入电压值})]}$$

对于本例中的变压器选择

$$I_{\text{steady}} = (2.0\text{kVA})/[0.7 \times (90\text{V})] = 31.75\text{A}$$

通常，热敏电阻在工作电流下的额定值高达 65℃，因此必须考虑降额系数。选择一个合适的热敏电阻，可以提供至少如上所述的稳态电流。

应用 75℃时的降额曲线，并使用相应的 90% 的最大额定稳态电流为

$$0.90 \times 36\text{A} = 32.40\text{A}$$

可以使用表 13.1 和表 13.2 中任何额定值达到 36.0A 的热敏电阻来满足稳态电流和能量要求。

表 13.1　变压器保护指南——用于选择变压器的典型浪涌电流限制器

变压器/(kVA)	单相输入交流电压/V	连续电流/A	浪涌电流/A	电阻/Ω	电感/μH	频率/Hz	能量/J	最小电阻/Ω
0.50	120	4.16	104	1.63	4328	60	23.4	4.9
1.0	240	4.16	104	3.26	8642	60	46.7	9.78
2.0	240	8.33	208	1.63	4328	60	93.62	4.89
3.0	240	12.5	312	1.09	2881	50	140.6	3.26
5.0	480	10.42	260	2.6	6913	60	234	7.83
10.0	480	20.83	521	1.3	3457	60	469	3.92

表 13.2　某些制造商用于变压器应用的一些浪涌电流限制器

部分	UL	R	SSI 最大值	最大热量	最高电压	Digikey 公司	Mouser 公司	Farnell 公司
SL12 10006	Y	10.0	6	40	240	570 - 1078 - ND	995 - SL12 - 10006	72J6734
SL22 10008	Y	10.0	8	90	240	570 - 1034 - ND	995 - SL22 - 10008	72J6819
SL32 10015	Y	10.0	15	150	240	570 - 1058 - ND	995 - SL32 - 10015	72J6844
AS32 5R020	Y	5.0	20	300	240	570 - 1106 - ND	995 - AS32 - 5R020	
MS32 10015	Y	10.0	15	250	480	570 - 1014 - ND	995 - MS32 - 10015	9006052
MS32 2R025	Y	2.0	25	300	480	570 - 1019 - ND	995 - MS32 - 2R025	72J6622
MS35 5R025	N	5.0	25	600	680	570 - 1029 - ND		72J6634

13.3　地磁感应电流（GIC）引起的励磁涌流

在太阳风暴期间，随着冠状质量喷射（CME）现象中等离子体云与行星碰撞，大型的瞬态磁扰动覆盖并改变了地球正常稳定的磁场。这些磁扰动被称为地磁风暴，可以在一两天时间内持续影响地球。这些扰动可以引起沿行星表面的电压变化，并在地球中感应出电场，造成接地点之间的电压差异，这会引起地磁感应电流（GIC）流过变压器、电力系统线路和接地点。通过与大地中性点连接，GIC 可能会严重影响接地的星形联结变压器和自耦变压器。

GIC 可以使变压器处于半周期饱和，其中变压器的磁心在交替的半周期内磁饱和。只需要几安培就能干扰变压器的运行。GIC 感应电压在高压绕组的中性点处为 1 ~ 2V/km，5A 时足以驱动接地的星形联结配电变压器在 1s 甚至更短时间内达到饱和状态。

在地磁风暴期间，在美国，在变压器的中性点引脚测量到高达 184A 的 GIC。

迄今为止测量到最大的 GIC 是 2000 年 4 月 6 日在瑞典南部的地磁风暴中所测得的 270A。如果允许变压器半周期饱和状态持续下去，杂散磁通量会进入到变压器箱体结构和电流绕组中。随着温度在几分钟内升高数百度，变压器箱内的局部热点会迅速扩散。

已经测量到的温度峰值高达750℉（399℃）。由于变压器在饱和和不饱和状态之间每秒切换60次，变压器的正常嗡嗡声变成了喧闹、嘶哑的呜呜声。磁心钢板中如拳头大小的非磁性区域会崩溃，并振动了尺寸几乎与一所小房子相当的100t变压器。其危害在地磁风暴期间可持续数小时。GIC引起的饱和也会导致变压器内过量的气体逸出。除了完全失效外，其他显著危害是变压器油中的气体含量增加，尤其是纤维素分解产生的气体、变压器箱和磁心的振动以及变压器噪声水平的增加（噪声水平增加了80 dB）。

GIC变压器的损坏在本质上是渐进式的。累积的过热损坏会导致变压器绕组绝缘寿命的缩短，最终导致过早失效。

除了变压器内部的问题，半周期饱和会导致变压器产生大的励磁电流，其基频分量滞后电源电压90°，并使得变压器突然成为系统的感应负载。由于无功功率需求，会导致谐波失真，并增加负载，同时导致电气系统电压的降低和长输电线路的过载。此外，谐波可能导致保护继电器不正常工作并且并联电容器组过载。这种情况可能导致严重的电力故障。当感应电流流入电网时，它可能使电网过载，并对发电厂的关键组件造成严重损害。太阳风暴可能导致重大的电力停电，影响到绝大部分区域的数百万人。美国的电网由几个要素组成。电力由水力发电大坝、煤/瓦斯/石油火力发电厂和核电厂产生。电网的主干网络由230kV、345kV、500kV和765kV的高压输电线路组成。在美国，这些输电线路及其相关的变压器用作远距离重载电力运输的干线。电力在发电站和区域变电站间通过悬挂在100ft[㊀]高的塔楼上很重的供电线路进行传输，这些电缆通常是具有两条相线和一条地线的三相系统。在区域变电站，电压被转换成69000~13800V之间较低的电压。变电站通常使用电线杆将电力传输到当地的社区。个人用户或附近的变压器将电压降至220V，为家庭和企业提供电力。美国的电气系统包括6000多台发电机组、超过50万mile[㊁]的大型输电线路、约12000个主变电站和无数个低压配电变压器。所有这些都可以作为各自地面连接的潜在GIC入口点。这个庞大的网络由100多个独立的控制中心进行区域控制、协调负责、共同影响着实时网络的运行。

㊀ 1ft=0.3048cm，后同。

㊁ 1mile=1609.344m，后同。

第 14 章

分布式光伏电网变压器的涡流和杂散损耗计算

每个变压器都存在涡流损耗（ECL）和杂散损耗。主要的涡流和杂散损耗是由于60Hz 频率电流所引起的，而且与绕组的导体厚度相关。这些损耗分量随着涡流频率和涡流幅值的二次方而增加。如果向升压变压器供电的逆变器产生的电压中含有过量谐波，则涡流和杂散损耗将增加。负载损耗对效率的影响通常不是问题。更令人担忧的是绕组中的热点温度增加会降低变压器寿命。专门设计的变压器可以补偿更高的杂散和涡流损耗。此外，在高温工作环境下，可以选择高于所需 kVA 的变压器来补偿。然而，因为谐波含量少于 1%，所以对 ECL 增长的担忧总体上有所减轻。再者，因为 DPV - GT 低压侧绕组电流大，所以导体厚度成为 ECL 增长的重要影响因素，如下所述。

14.1 分布式光伏电网变压器中的涡流损耗

图 14.1 中的 ECL[1,2,4]用 W（W/lb）表示如下：

$$W = k_2 f^2 (B_{\text{eff}})^2 t^2 = k_4 (B_{\text{eff}})^2 t^2 \tag{14.1}$$

式中，B_{eff}是额定磁通密度；t 是叠片厚度；k_4 是取决于材料的常数；f 是功率信号的频率。

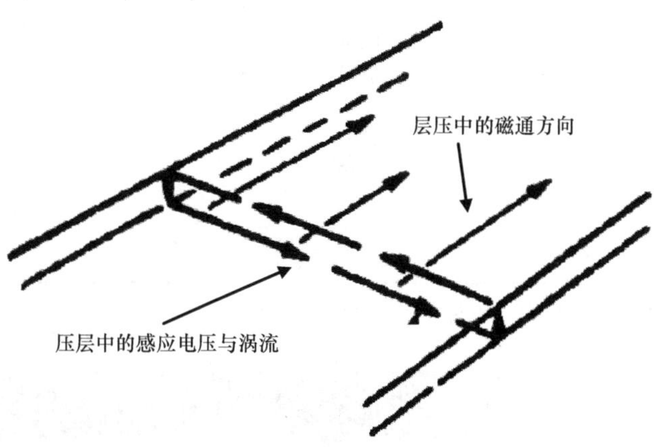

图 14.1　正弦变化的磁流体在层压表面引起电流，称为涡流

铁心中的 ECL 具有高功率因数电阻损耗，与激励电压的方均根值的二次方成正比，与波形无关。如果该电压根据电压表测量的平均电压（即实际方均根值不是读取值）来保持，则所观察到的 ECL 将是真实 ECL 乘以因子 K 的倍数或分数。

ECL 因子的修正如下：

$$K = \text{实际涡流损耗/正弦波电压的涡流损耗} = [\text{实际方均根电压/(平均电压} \times 1.1)]^2 = (\text{实际方均根电压/额定方均根电压})^2 \tag{14.2}$$

$$\text{总正弦波损耗} = \text{观察到的损耗} \times [(100)/(\%\text{Hys} + \%\text{ECL})] \tag{14.3}$$

14.2 绕组中涡流损耗的替代方法

令 A 为导体的净宽度，B 为导体的覆盖宽度加上块厚度，H 为导体的净厚度(cm)，F 为电源的频率，可得到

$$\alpha = \text{Sqrt}\left(\frac{\frac{F}{50} \times \frac{2}{B} \times \frac{47.8}{50}}{1}\right) \tag{14.4}$$

计算如下：

$$\varepsilon = \alpha \times H \tag{14.5}$$

$$\text{Average}(R_{ac}@75℃/R_{dc}@75℃) = Q(\varepsilon) + [(m^2-1)/(3)] \cdot \Psi(\varepsilon) \tag{14.6}$$

(见表 14.1)。这产生 ECL 的百分比为

$$I^2R_{dc} = \{Q(\varepsilon) + [(m^2-1)/(3)] \cdot \Psi(\varepsilon)\} \times 100\% \tag{14.7}$$

式中，m 是径向导体的数量。

除非另有说明，否则式（14.7）中使用的所有尺寸单位均为 in 或 mm。

表 14.1 ε 值

ε	$Q(\varepsilon)$	$\Psi(\varepsilon)$
0.0	1.00	0
0.1	1.0	0.0000332
0.2	1.0	0.00053
0.3	1.001	0.0027
0.4	1.002	0.0085
0.5	1.005	0.0207

注：$\Psi(\varepsilon)$随 ε 的 4 次幂而变化。因此中间值可以使用式（14.5）得到。

14.3 计算杂散损耗

在计算杂散损耗时考虑以下值：d_{lv} = 低压绕组的径向深度；d_{hv} = 高压绕组的径向

深度；d_{hl} = 高压和低压绕组之间的径向孔道；MD_{hl} = 高压 - 低压间隙的平均直径；K = 从杂散损失曲线获得的常数值，通常为 35（见图 14.2）。因此

$$杂散损耗 = K\left\{\frac{(在正常抽头处的安匝值)}{(铁心的焊脚长度\times 1000)}\right\}^2 \times \{(d_{lv}+d_{hv})/3+d_{hl}\}\times MD_{hl} \quad (14.8)$$

对于上述的所有计算，除非另有规定，否则尺寸单位必须为 in 或 cm。

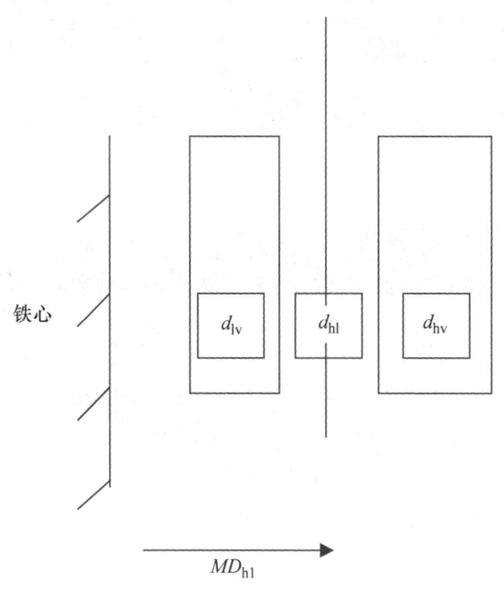

图 14.2　双绕组 DPV - GT 的铁心线圈配置

第15章 设计注意事项——分布式光伏电网变压器的内外绕组

15.1 绕组设计

绕组是变压器最重要的组成部分，它影响着如何以最大效率将电力从一次侧或电源侧传输到二次侧或负载侧。在设计适合太阳能应用的变压器时，由于各种因素的突然变化，通常如电压波动、谐波和频率变化，这些问题就显得更为重要。

DPV - GT 的绕组设计需要满足以下几个显著的特点：

1）确保适当有效的介电强度。

① 太阳能变压器的工作电压及其变化。

② 单相接地（SLG）故障、两相接地（DLG）故障和三相接地（ALG）故障时系统的故障电压。

③ 操作过电压由“产消合一者”需求中分散化的微小变化所引起。“产消合一者”是在出现了智能电网和使用替代能源形成的微电网整合后，创造的一个新术语。太阳能在这一领域的渗透不断增加。

④ 雷电浪涌。

⑤ 测试电压；IEEE 和 IEC 测试中的考虑因素变得越来越严格。此外，由于现在很多私人机构也参与到智能电网的创建中，因此测试条件越来越严格。例如，I 类变压器的局部放电试验考虑只要求皮库仑级别，而最终用户端规定其网络变压器的局部放电值可能会低于 IEEE 所规定的值。

2）通过在绕组系统中提供足够的线圈通风来维持额定温升。随着变压器整体物理尺寸的减小以及设计过程的改革，所有铁心线圈组件的物理间隙减少了很多倍。对于这种应用于太阳能设备的变压器，所有的绝缘组件都需要更好、更有效的冷却系统。

3）具有足够的机械强度，以承受高压和低压绕组中反向电流所产生的力，特别是在多重绕组设计中。

4）变压器作为电流密度不超过 2.2A/mm^2 的系统装置，使用最少量的绕组材料来优化其成本。

5）系统可以进行多绕组或多线路布置，以达到用户所指定的高达 18% ~20% 的阻抗要求。

6）最小化涡流损耗（ECL）。

7）考虑 IEEE C57. 127 规定中的局部放电。

15. 2　绕组种类

有两种主要的绕组：同心形和盘形（或圆形）。与它们相关的属性如下：

1）高压线圈：高压线圈是成品变压器的组成部分，由自动布层绕线机制成。

2）具有预定直径和长度的实心圆柱形用作缠绕绕组的基座。如果存在多个绕组，它们同心缠绕在内部绕组的顶部，并具有足够的冷却和耐电压绝缘。

3）通常使用铜（Cu）或铝（Al）的圆形绝缘电线作为基本原材料。

4）线圈由多层制成，用于层式绕组或螺旋式绕组。

5）每个线圈的起始和结束引线在线圈的任一侧终止。

6）这些引线在一些点处被套上管套并固定住。

7）基本原材料（Al 或 Cu）的形状为矩形，但是对于小型变压器来说，也可以是圆形。如图 15. 1 所示，矩形形状的材料将使自动化机器更多地制造矩形形状的绕组。

同心绕组

高压绕组缠绕在低压绕组顶部。

a. 矩形同心绕组

- 几乎没有浪费空间。
- 可能导致导体过度弯曲而远离平面。
- 短路（SC）力可能加剧弯曲。
- 适用于以 60c/s 形成 200kVA 的线圈。
- 适用于高达 15kV 的电压。
- 典型的低电压布置是低压 - 高压 - 低压（120/240V）。
- 2. 4kV 线圈由自动线圈绕线机缠绕成单个绕组。

b. 圆形同心绕组

- 适用于短路力太大以至于上述绕组无法承受的应用场合。
- 层绕组——适用于低电压、大电流。
- 适用于高达 15kV 的电压。
- 线圈由一层或多层组成，通常为偶数，以便于从同一端去除引线。
- 绝缘材料的轴环放置在尾部，以平衡由螺旋结构引起的不均匀性。
- 当存在很大的短路力时，绕组可能会滑落。
- 冲击电压分布由于高接地电容和低串联电容而受到很大的影响。

$$\alpha = \sqrt{(C_g/C_s)} \tag{15.1}$$

对于盘式绕组或螺旋式绕组，α 的值通常为 2 ~ 2. 5，这导致会出现沿着绕组长度的不均匀电压分布。设计人员会尽量将 α 值降至 1.0 左右，使电压能够尽可能地沿绕组均匀分布。这有助于在裸露导体绕组上形成均匀的纸张覆盖层。通过绕组的智能设计可以最大限度地减少这些问题。使电压沿着绕组均匀分布的方法之一是使用低串联电容绕组。在一些高达 66kV 的额定电压下，交错绕组结构是合理的。DPV - GT 的典型铁心线圈如图 15.1 所示。图 15.2 所示为使用自动铝箔绕组绕线机制造矩形绕组。图 15.3 显示机器自动缠绕带有绕组原材料的线轴。

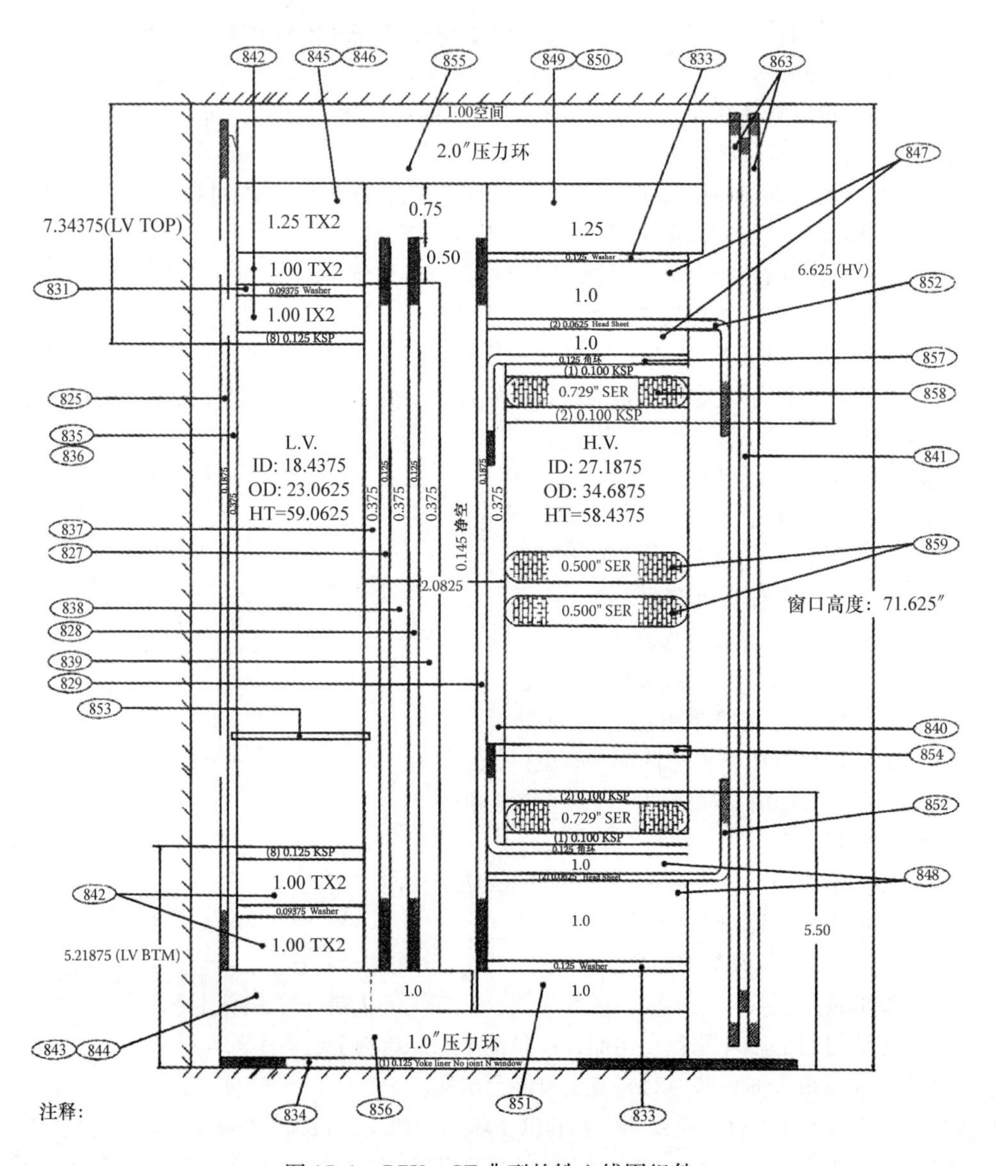

图 15.1　DPV - GT 典型的铁心线圈组件

图 15.2　铝箔缠绕的箔绕线机

图 15.3　带有铝箔的线轴组装在箔绕线机的后部

表 15.1 给出了高达 1000kVA 的 DPV - GT 带有纸张覆盖层（Pc）的铝导体的典型尺寸和重量。

表 15.1 和表 15.2 用于为不同的额定值变压器选择适当的导体。导体中的电流密度通常保持在 2.2A/mm^2。铜或铝导体通常由导体制造商在被称为“滚筒”的线轴中获得。有时由于电流值，会将多种导体束在一起。为了最小化每束中导体的长度差异，导体被周期性地换位，因此也称为“连续换位的导体”（CTC）。

表 15.1　标准铝绕组变压器的导体尺寸和数量

kVA	损耗（W）和% Z	高压导体				低压导体					
		11kV		6.6kV		400V		416～420V		433～440V	
	无负载/负载/Z	尺寸	重量/kg	尺寸	重量/kg	尺寸/mm	重量/kg	尺寸/mm	重量/kg	尺寸/mm	重量/kg
160	550/3050/4.75	0.068″ pc12	42	0.086″ pc12	39	14×4 pc0.4	25	14×4 pc0.4	27	14×4 pc0.4	27
250	700/4350/4.75	0.086″ pc12	56	0.110″ pc12	56	10×4 pc0.4	32	10×4 pc0.4	34	10×4 pc0.4	35
315	780/5700/4.75	0.092″ pc12	62	0.116″ pc12	59	14×4 pc0.4	20 14	14×4 10×4 pc0.4	21 15	14×4 10×4 pc0.4	21 15
400	890/6600/4.75	0.110″ pc12	80	0.136″ pc14	73	10×4 pc0.4	41	10×4 pc0.4	43	10×4 pc0.4	44
500	1080/7800/4.75	0.116″ pc12	81	0.164″ pc14	100	11×4.5 pc0.4	49	11×4.5 pc0.4	51	11×4.5 pc0.4	52
630	1500/8900/4.75	0.136″ pc14	110	0.164″ pc14	98	11×4.5 pc0.4	63	11×4.5 pc0.4	66	11×4.5 pc0.4	68
750	1390/10100/5.0	0.144″ pc14	115	5.5×3.5 pc0.4	131	12×5 pc0.4	74	12×5 pc0.4	77	12×5 pc0.4	80
1000	1600/13300/5.0	0.164″ pc14	128	6.5×4 pc0.4	142	11×4.5 pc0.4 铜	73	11×4.5 pc0.4 铜	77	11×4.5 pc0.4 铜	80

表 15.2　漆包线导体和纸绝缘参考标准

滚筒尺寸	外法兰直径	辊身直径	总宽度	横截面	孔		法兰深度①	法兰宽度
					中心	开孔		
标准 7ft 滚筒	2130	1830	1020	810	78	57	140	76
标准 5ft（A 型）	1520	1220	970	810	78	57	140	76
标准 5ft（B 型）	1520	1070	970	810	78	57	216	76
标准 5ft（窄）	1520	1140	470	340	78	57	178	64

① 法兰深度，滚筒中可容纳的换位条带的数量。

15.2.1 预换位的条状导体

漆包线比例：最小尺寸 =(3.0×1.0)mm

最大尺寸 = (11.0×3.0)mm

宽度/厚度：比例介于（5∶1）与（2∶1）之间

15.2.2 换位导体比例

单个导体数 = 5（最小值）

= 31（最大值）

导体叠层比例（纸面下）最好保持在以下范围内：

径向高度/轴向宽度：

1∶2½（少量钢条）；

3∶1（大量钢条）。

外形尺寸：

单个导体覆盖有 0.1 mm 的 m 级漆包线。

轴向宽度(mm) = 2×(每个导体的裸露宽度 + 0.1) + 整体纸式覆盖 + 0.4

径向高度(mm) = [(*n* + 1)/2]×(每个导体的裸露高度 + 0.1) + 整体纸式覆盖 + 0.8

导体的长度和重量：

不超过 1500/2000m 和 3000kg。

移位频率：

移位间距根据尺寸在 64～203mm 之间变化。

弯曲属性：

绕组直径应不小于 $dia = 0.6nw$ 所给定的值，其中 n 为导体数，w 为导体的轴向宽度。

用作工业变压器的 DPV－GT 为了紧凑，其绕组常被制造成矩形形状（图 15.4）。自动铝箔卷绕机用于使用铝制造低压绕组。然后将高压绕组直接缠绕在具有适当绝缘的

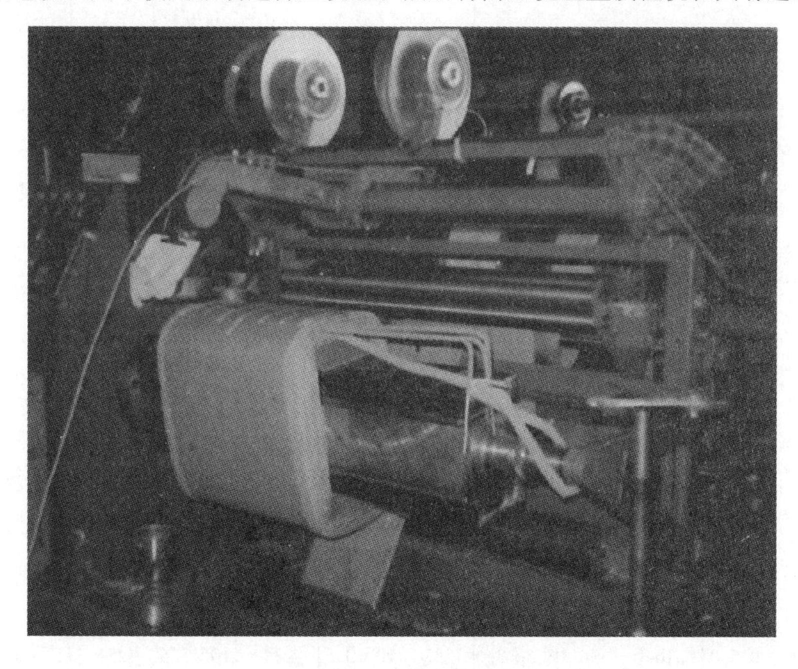

图 15.4 矩形铝箔，层式或螺旋式绕组

低压绕组顶部，通常是以薄片形式，其上预粘有钢条。这些变压器还具有矩形横截面的磁心。因此，通过将这些机器用于高达10MVA、33kV的小型变压器，很容易提高生产车间的生产率。最近，通过使用改进的绝缘材料和紧凑型设计，该额定值已经提高到20MVA、69kV（见表15.3～表15.7）。这个方法的最奇妙之处在于使用超导体制造变压器的绕组。

这些导体在低压绕组中经常并联以共享大电流，并且如下所述使用被称为换位的机制。这确保并联中所有导体的总长度保持不变，以产生并联的均匀电阻。一些导体层中奇数和偶数导体的换位方案如下所述。

表15.3　标准铜绕组变压器的导体尺寸和数量

kVA	损耗（W）和% Z	高压导体				低压导体					
		11kV		6.6kV		400V		416～420V		430～440V	
	无负载/负载/Z	尺寸	重量/kg	尺寸	重量/kg	尺寸/mm	重量/kg	尺寸/mm	重量/kg	尺寸/mm	重量/kg
315	810/5000/4.75	0.072″	98	0.092″	98	10×3.5	76	10×3.5	41	9×3.5	75
		pc12		pc12		pc0.4		9×3.5	37	pc0.4	
								pc0.4			
400	970/5900/4.75	0.080″	113	0.104″	116	10×3.5	36	10×3.5	38	9×3.5	35
		pc12		pc12		12×3.5	44	12×3.5	45	12×3.5	47
						pc0.4		pc0.4		pc0.4	
500	1220/6900/4.75	0.092″	139	0.116″	132	9×3.5	90	9×3.5	94	9×3.5	98
		pc12		pc12		pc0.4		pc0.4		pc0.4	
630	1280/8600/4.75	0.104″	172	0.128″	152	12×3.5	119	12×3.5	83	10×4	86
		pc12		pc12		pc0.4		10×3.5	35	9×3.5	32
								pc0.4		pc0.4	
750	1550/9450/5.0	0.110″	179	0.144″	183	11×4.5	131	11×4.5	135	11×4.5	142
		pc12		pc14		pc0.4		pc0.4		pc0.4	
1000	1780/120000/5.0	0.128″	227	0.164″	231	11×3	167	11×3	172	11×3	180
		pc12		pc14		pc0.4		pc0.4		pc0.4	
1250	2060/14100/5.0	0.144″	284	7.5×2.4	265	11×3	201	11×3	201	11×3	128
		pc14		pc0.4		pc0.4		pc0.4		10×3	78
										pc0.4	
1500	2450/17000/5.0	0.164″	334	6.6×3.6	332	10×3.5	160	10×3.5	82	10×3	220
		pc14		pc0.4		10×3	69	10×3	141	pc0.4	
1600	2450/17800/5.0	0.164″	334	6.6×3.6	332	10×3.5	237	10×3.5	254	10×3.5	254
		pc14		pc0.4		pc0.4		pc0.4		pc0.4	

表 15.4 标准导体尺寸

铜		铝	
圆尺寸/in	条带尺寸/mm	圆尺寸/in	条带尺寸/mm
0.072″ pc 12	9 ×3.5 pc 0.4	0.068″ pc 12	10 ×4.0 pc 0.4
0.080″ pc 12	10 ×3.0 pc 0.4	0.086″ pc 12	11 ×4.5 pc 0.4
0.092″ pc 12	10 ×3.5 pc 0.4	0.092″ pc 12	12 ×5 pc 0.4
0.104″ pc 12	11 ×3.0 pc 0.4	0.110″ pc 12	14 ×4 pc 0.4
0.110″ pc 12	11 ×4.5 pc 0.4	0.116″ pc 12	5.5 ×3.5 pc 0.4
0.116″ pc 12	12 ×3.5 pc 0.4	0.136″ pc 14	6.5 ×4 pc 0.4
0.128″ pc 12	6.6 ×3.6 pc 0.4	0.144″ pc 14	
0.144″ pc 14	7.5 ×2.4 pc 0.4	0.164″ pc 14	
0.164″ pc 14			

注：评级涵盖：铜：315、400、500、630、750、1000、1250、1500 和 1600kVA。铝：160、250、315、500、630、750kVA（高压和低压）；1000kVA（高压铝、低压铜）。

表 15.5 DPV - GT 的铜导体

容量/（kVA）	绕组	导体尺寸（圆尺寸/ft，条带尺寸/mm）
500	高压	0.092″ pc 12
500	低压	9 ×3.5 pc 0.4
1000	高压	0.128″ pc 12
1000	低压	11 ×3 pc 0.4
1000	低压	11 ×4.5 pc 0.4
1500/1600	高压	0.164″ pc 14
1500/1600	低压	10 ×3 pc 0.4
1500/1600	低压	10 ×3.5 pc 0.4

表 15.6 匝间绝缘

匝间绝缘厚度/mil	匝间绝缘	
	最大方均根功率频率 1min 耐压/kV	最大瞬间冲击耐压/kV
10	4	16
20	7.5	30
30	10.75	43
40	14	56
50	17	68
60	20	80
70	23	92
80	26	104
90	29	116

（续）

匝间绝缘厚度/mil	匝间绝缘	
	最大方均根功率频率 1min 耐压/kV	最大瞬间冲击耐压/kV
100	32	128
120	37.5	150
140	43	172
160	48	192
180	53	212
200	58	232
250	70	280
300	81	324
350	91	364
400	100	400
450	108	432
500	115	460

线圈匝间绝缘加间距

比率：（线圈间距）/（匝间绝缘厚度）	瞬时冲击耐压(kV)的百分数(%)
1	100
2	120
3	135
4	150
5	160
6	169
7	178
8	186
9	123
10	200
15	225
20	245
30	285
40	315
50	340
75	400
100	450

表 15.7　市场上有售的常见铜导体

SWG	裸导体直径		最大总覆盖直径/cm		导体面积/cm²	铜		铝		SECM 重量/(kg/km)
	in	cm	中等 SECM	厚 SECT		裸露导体重量/(kg/km)	电阻/(Ω/km)	裸露导体重量/(kg/km)	电阻/(Ω/km)	
8	0.160	4.064	4.221	4.255	12.972	115.32	1.625	35.02	2.6981	0.84
9	0.144	3.658	3.807	3.840	10.507	93.41	2.0081	28.37	3.3311	0.73
10	0.128	3.251	3.396	3.429	8.302	73.80	2.5415	22.42	4.2158	0.65
11	0.116	2.946	3.086	3.119	6.818	60.61	3.0947	18.41	5.1334	0.58
12	0.104	2.642	2.774	2.807	5.481	48.72	3.8496	14.80	6.3856	0.50
13	0.092	2.336	2.464	2.494	4.289	38.13	4.915	11.58	8.1604	0.43
14	0.080	2.032	2.151	2.182	3.243	28.83	6.5063	8.756	10.792	0.36
	0.076	1.930	2.047	2.075	2.927	26.02	7.2080	7.902	11.957	0.34
15	0.072	1.892	1.943	1.971	2.627	23.35	8.0319	7.092	13.323	0.32
	0.068	1.727	1.839	1.867	2.343	20.83	8.9293	6.326	14.938	0.29
16	0.064	1.626	1.725	1.763	2.076	18.45	10.163	5.604	16.859	0.27
	0.060	1.524	1.631	1.659	1.824	16.22	11.657	4.925	19.188	0.24
17	0.056	1.422	1.529	1.557	1.589	14.13	13.278	4.290	22.026	0.22
	0.052	1.321	1.420	1.448	1.370	12.18	15.401	3.699	25.547	0.21
18	0.048	1.219	1.316	1.346	1.168	10.38	18.065	3.152	29.965	0.19
	0.044	1.117	1.212	1.237	0.9810	8.72	21.508	2.649	35.677	0.17
19	0.040	1.016	1.110	1.135	0.8107	7.207	26.026	2.189	43.172	0.154
	0.038	0.965	1.057	1.079	0.7317	6.500	28.836	1.976	47.833	0.140
20	0.036	0.914	1.006	1.029	0.6567	5.838	32.130	1.773	53.296	0.134
	0.034	0.864	0.947	0.970	0.5858	5.210	36.018	1.582	59.747	0.120
21	0.032	0.813	0.897	0.919	0.5189	4.613	40.662	1.401	67.450	0.110
	0.030	0.762	0.843	0.866	0.4560	0.500	46.271	1.231	76.754	0.100
22	0.028	0.711	0.792	0.815	0.3973	3.532	53.108	1.073	88.094	0.093
	0.026	0.660	0.739	0.759	0.3425	3.045	61.605	0.9248	102.18	0.085
23	0.024	0.610	0.686	0.706	0.2919	2.595	72.285	0.7881	119.90	0.072
	0.023	0.584	0.660	0.681	0.2680	2.383	78.731	0.7236	130.59	0.073
24	0.022	0.559	0.632	0.653	0.2452	2.180	86.052	0.6620	142.74	0.068
25	0.020	0.508	0.579	0.599	0.2027	1.802	104.094	0.5473	172.66	0.061
26	0.018	0.457	0.526	0.546	0.1642	1.460	128.501	0.4435	213.15	0.052
	0.0172	0.437	0.505	0.526	0.1499	1.333	140.760	0.4047	233.48	0.049
27	0.0164	0.417	0.483	0.500	0.1363	1.212	153.678	0.3680	256.78	0.046
28	0.0148	0.376	0.434	0.452	0.1110	0.987	190.009	0.2997	315.31	0.038
29	0.0136	0.345	0.404	0.422	0.0937	0.833	225.186	0.2530	373.53	0.035
30	0.0214	0.315	0.371	0.389	0.0779	0.693	270.186	0.2103	449.29	0.031

15.2.3 用于铁心式分布式光伏电网变压器螺旋绕组的旋转换位

注意导体的位置，因为它们缠绕在之前一个换位点和随后一个换位点上，以确保螺旋绕组每层导体的长度相等，从而使得整个绕组导体的电阻分布均匀。注意箭头的方向，以实现正确的换位（图 15.5 和图 15.6）。

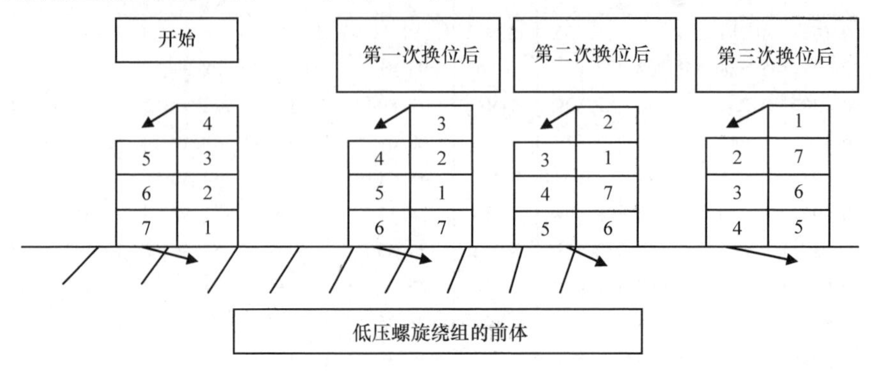

图 15.5 对于具有奇数导体的低压螺旋绕组进行换位

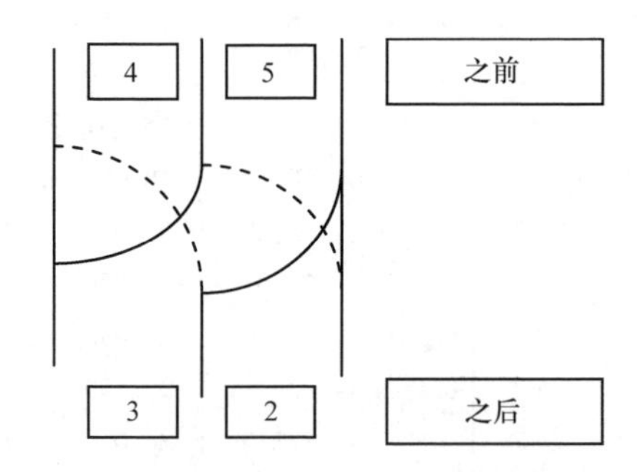

图 15.6 参考图 15.5，首次换位时的条形图

对于堆叠中的偶数导体，给出了类似的换位方案。注意箭头的方向表示的换位移动，因为对于相应的低压螺旋绕组，该绕组建立在前一换位绕组上（图 15.7 和图 15.8）。

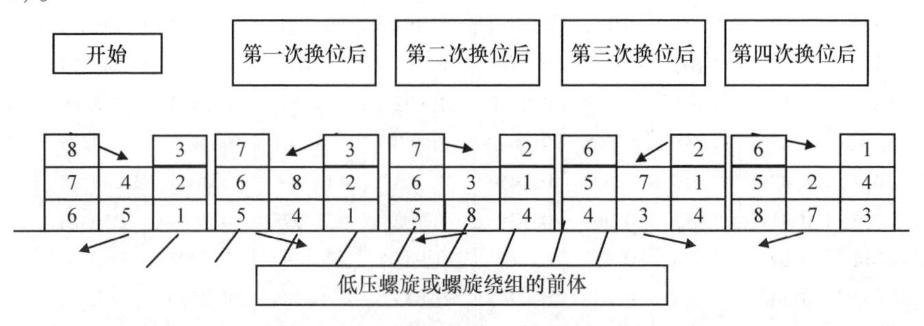

图 15.7 堆叠中偶数导体的低压螺旋绕组换位

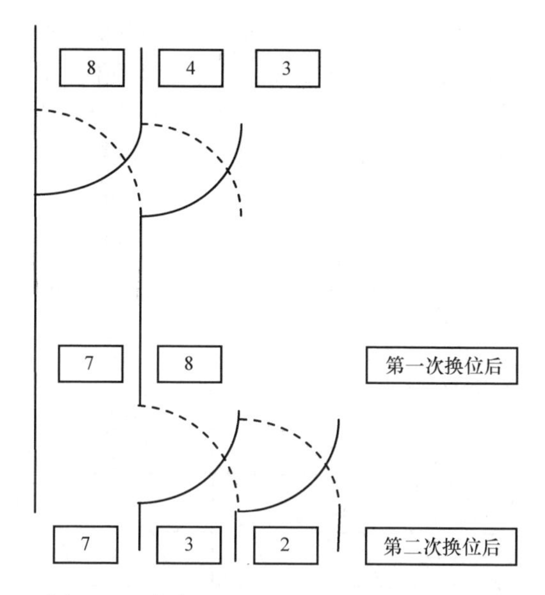

图 15.8　参考图 15.7，首次换位时的条形图

15.3　分布式光伏电网变压器中使用的螺旋绕组的典型导体换位实例

分布式换位：在这种换位中，形成顶层的导体被带到底部，所有其他导体向上移动一个导体深度，如图 15.9 所示。对于一个完整的换位，将会有（$n-1$）次分布式换位，其中 n 是径向上平行的导体数。

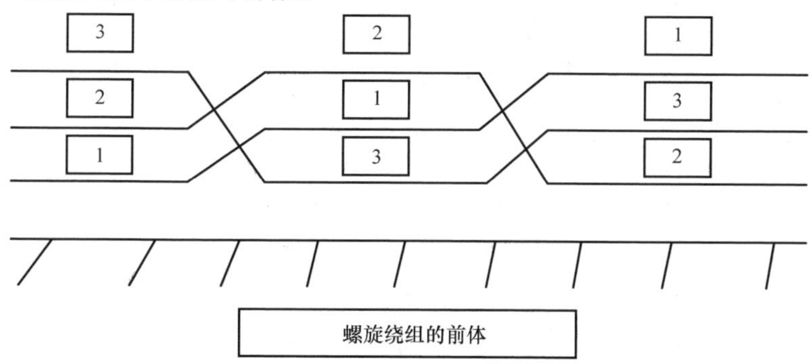

图 15.9　具有（$n-1$）次分布换位的分布式换位

完全换位：形成顶层的导体被带到底部。顶部的第一个导体被带到作为底部的第一个导体，以此类推。如果径向上的导体数量是奇数，则中心导体不改变其位置。在每一层的长度中，在中心转弯处通常会有一个完整的换位（见图 15.10）。

多重换位：

- 在四分之一线圈长度处，导体的上半部分与下半部分互换。
- 在线圈长度的一半处，进行一次完整的换位（见图 15.11）。
- 在四分之三线圈长度处，导体的上半部分与下半部分再次互换。

根据上述方法之一，多导体螺旋绕组中的所有导体沿绕组的径向方向换位。

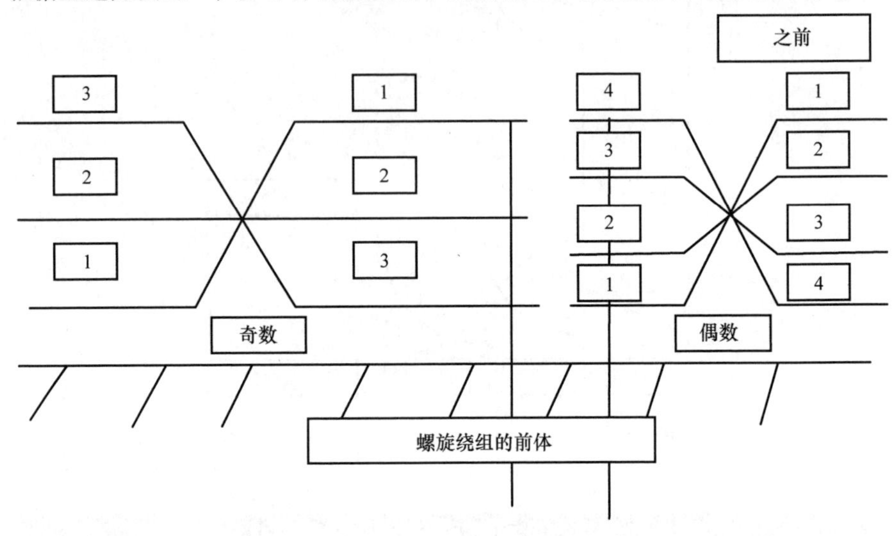

图 15.10　导体在螺旋绕组中的完全换位

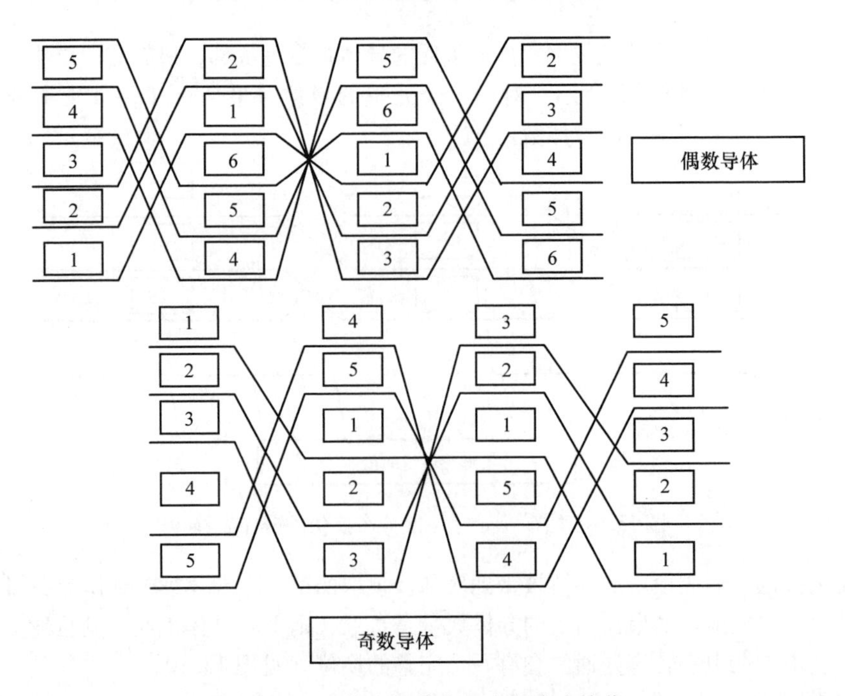

图 15.11　导体在螺旋绕组中的多个换位

15.3.1　聚束导体的换位

15.3.1.1　第一阶段

在换位之前，导体在 D 点切割。在 A 点和 B 点之间的共同绝缘覆盖层被去除。不得移除或干扰单个导体覆盖物，否则可能导致变压器内部发生严重故障（图 15.12）。

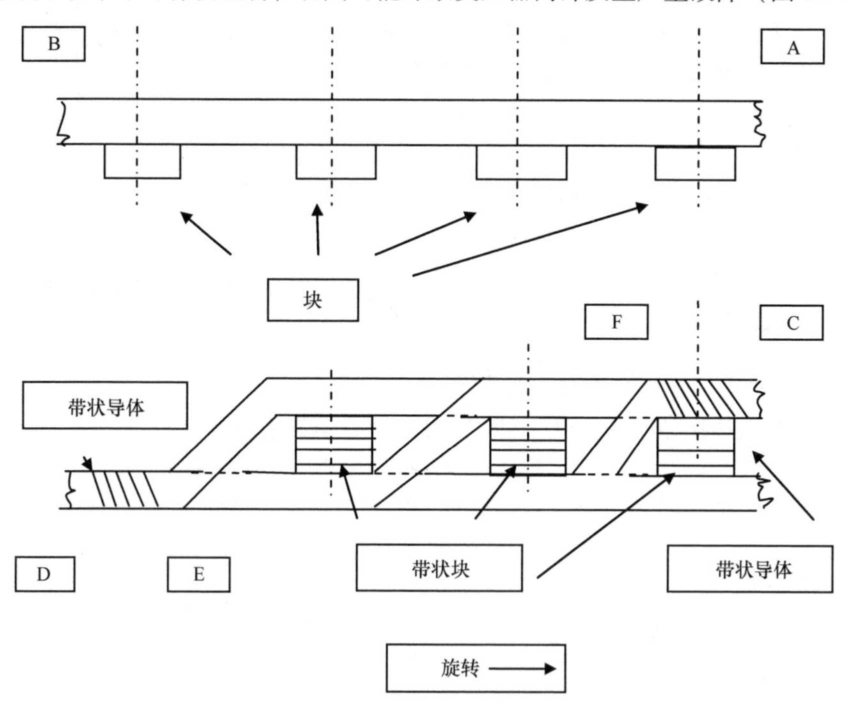

图 15.12　聚束导体的换位

15.3.1.2　第二阶段

如第二阶段所示，在换位后布置导体，并使用对接焊机在 D 点处对接。在换位后，按照 C 点和 D 点之间额定电压的要求，将每个导体粘贴到所需的厚度。所有导体在 F 点和 E 点后共同覆盖在一起，如果任何导体略微松动，则用木槌敲打并绑在一个圆盘上。在矩形铝箔绕组的情况下，导体是平板的薄片，并且通常缠绕在矩形模子上。在这种情况下，铁心的横截面也是矩形的，并且形成用于最靠近磁心的绕组。适当的绝缘包裹和垫片被用来协调每个绕组的绝缘水平。

15.3.2　绕组力

根据安培定律，通过一次和二次绕组之间的电流的基本相互作用，力 F（N）的方程式是

$$F=[(\mu I_1)/2\pi r][I_2 l] \tag{15.2}$$

$$=I_2 lB \tag{15.3}$$

式中，磁通密度（Wb/m^2）为

$$B=(\mu I_1)/(2\pi r) \tag{15.4}$$

磁场的方向由传统的右手（三指）定则决定，其中食指指向电流方向，中指指向力的方向，大拇指指向磁通密度的方向。

变压器一次绕组和二次绕组导体之间的力产生径向和轴向力。前者使得靠近铁心的绕组径向压缩，而外径上的绕组径向扩张。后一种力将绕组向上或向下压入铁心用于铁心式变压器。在管壳式结构中，因为绕组被铁心包围，并且绕组被绕成“圆饼”模型，所以径向和轴向力同时存在。

因此，变压器中每单位长度导体的变压器绕组上的机械力是（图 15.13）

$$F=B\times I\text{（导体中的电流）} \tag{15.5}$$

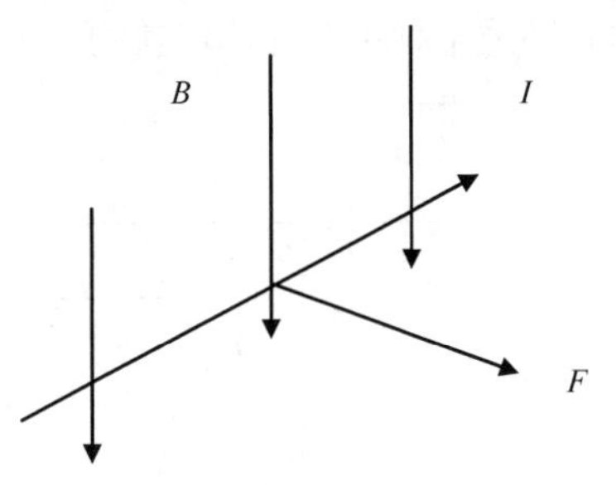

图 15.13　磁场 B 中绕组的机械力

15.3.3　串联的两个线圈之间的力

I 是线圈 1 中的电流，线圈 1 与线圈 2 串联。总电感变化量为

$$L=L+\mathrm{d}L \tag{15.6}$$

当线圈 1 移动 dS 距离（图 15.14）时，磁场中的能量从

$1/2LI^2$ 变为 $1/2(L+\mathrm{d}L)^2$ (15.7)

磁链从

$N\Phi/I$ 变为 $N(\Phi+\mathrm{d}\Phi)/I$ (15.8)

因此

$$e=N\mathrm{d}\Phi/\mathrm{d}t\times10^{-8} \tag{15.9}$$

额外的能量供应

$$=eI\mathrm{d}t=NI\mathrm{d}\Phi\times10^{-8}=\mathrm{d}LI^2 \tag{15.10}$$

因此，在移动 dS 距离中线圈 1 所做的功是

$$=(\mathrm{d}LI^2)/2 \tag{15.11}$$

线圈作用在这个 dS 元件上的力是

$$\begin{aligned}F&=\text{功/距离}\\&=(\mathrm{d}LI^2)/2/\mathrm{d}S\\&=(I^2/2)(\mathrm{d}L/\mathrm{d}S)\,\mathrm{dyn}^{㊀}\times10^7\\&=4.42I^2\mathrm{d}L/Ds\end{aligned} \tag{15.12}$$

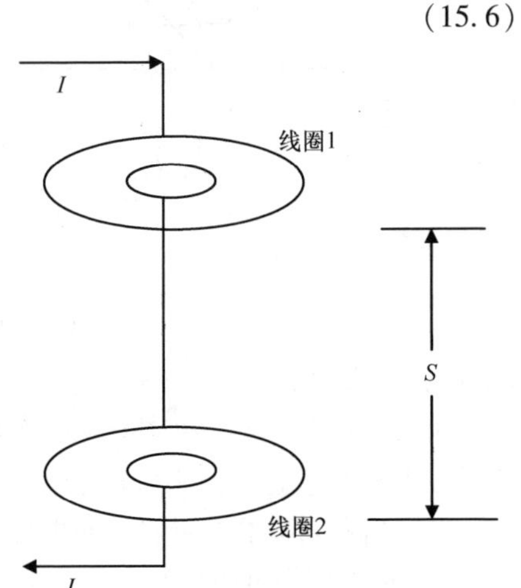

图 15.14　两个线圈之间的力

式中，I 的单位是 A；L 的单位是 H；F 的单位是 lb㊁；S 的单位是 cm。

㊀ 1dyn = 10^{-5}N，后同。

㊁ 1lb = 0.45359kg，后同。

15.3.4　同心线圈力

由于力垂直于电流和磁通量，同心的铂导体中的主要力是径向的。这些力是

$$F\alpha B \text{ 和 } I \tag{15.13}$$

$$B_{\max} = 0.4\pi NI/l \tag{15.14}$$

因此

$$F = (0.4\pi\sqrt{2I_pN_p}\cdot\sqrt{2I_c})/l \tag{15.15}$$

式中，F 为外部线圈中一个导体上的向外的力，以峰值表示，单位为 dyn/单位长度；I_pN_p 为一次绕组中的有效安匝数；I_c 为导体中的有效值电流；l 为一次绕组的轴向长度（cm）：

$$F = (5.64 \times I_pN_p \times I_c)/(10^7 \times l) \tag{15.16}$$

式中，F 为内部导体中的向外的力（lb/in）；l 为一次绕组的轴向长度（in）。

15.3.5　铜的机械强度

用于制造变压器绕组的铜，通常是具有无限弹性极限的软材料。它很容易硬化。这种材料的弹性模量称为“切线弹性模量”。这些材料的性能随着温度的升高而变差。实际上，只有在短路工况下才存在很大的力。这些力被保护电路限制在 1s 以内。此外，力的变化所需时间为 1/240s。因此，首次将超过铜的弹性极限的短路负载施加到变压器的线圈时，线圈在第一周期中变形并呈永久形状。最大应力可能为 10 000 psi（图 15.15）。

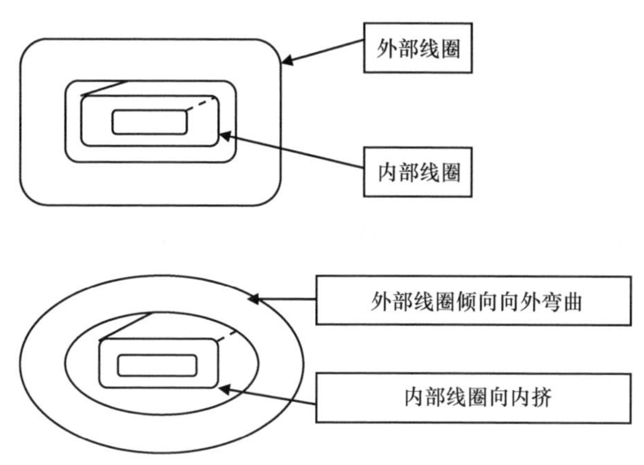

图 15.15　同心缠绕线圈的力[1,2,4]

15.3.6　外圈的支撑强度

在铁心式变压器中，外部线圈由外圈支撑。此外，内圈外部的每一圈漏磁密度不断降低，并在最外圈减小到零。整个线圈的平均力仅为内侧线圈的一半，并且对于更高电压的设计中可具有更低的应力。

15.3.7 内圈压缩力

该力与外部线圈上的外力大小相等但方向相反。这个力将内线圈推往铁心。必须注意的是，向这种线圈提供额外的内部支撑轻而易举。

15.3.8 线圈的轴向位移和合成的轴向力

在两个线圈长度相等的理想条件下，不存在净轴向力。然而，在实际条件下，虽然设计人员尽可能地对轴向长度进行匹配，但如果存在如图 15.16 所示的扭曲结构，则可能存在净轴向力。此外，分接绕组会导致线圈的磁中心发生偏移从而产生轴向力（图 15.17）。

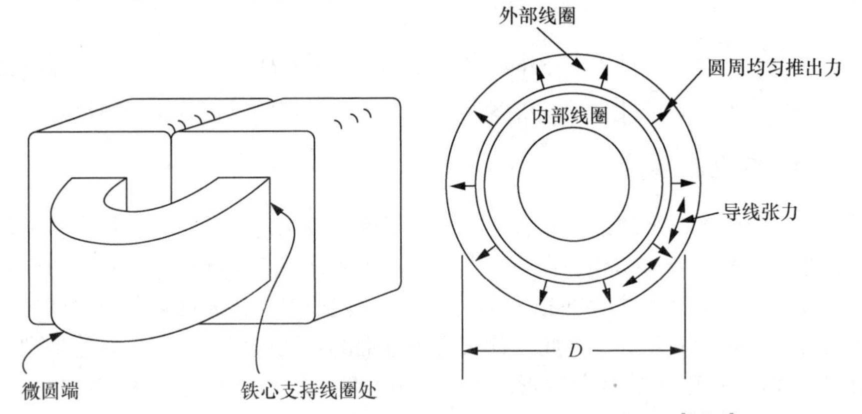

图 15.16 内部线圈受到压缩，外部线圈受到径向扩张[1,2,4]

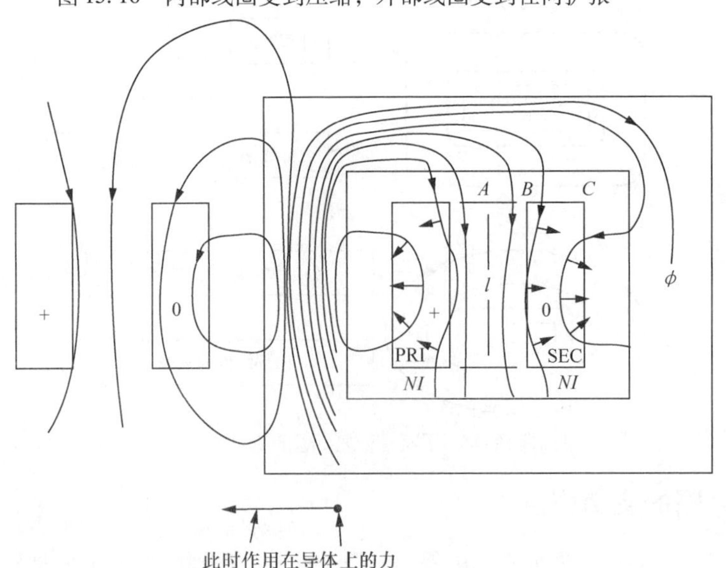

图 15.17 通过磁力线施加的力[1,2,4]

15.3.9　轴向力计算

首先计算出线圈上的总外向或径向力，方法是用内导体上作用力的一半乘以导体总数。

假设线圈如图 15.17 所示在垂直方向上移动，并假设径向力具有如图所示的垂直分量，计算为

$$F_{axial} = 总径向力 \times \sin \phi \tag{15.17}$$

15.3.10　短路电流和短路容量

ASA 标准 C 57.12 - 08.400 及其后的任何修订版本均表明，短路力不能超过“基准电流”的 25 倍。该基准电流不是变压器的额定电流，而是变压器的自冷等级的额定电流。这种情况对于自耦变压器和调节变压器尤为重要。

一般来说，25 倍的条件评估为强制风冷时的 18.75 倍，以及用增压油进行强制风冷时的 15 倍。

上述计算也假设在零电压下施加短路，使电流在其初始时能被完全抵消，并达到其峰值。如果变压器电阻与电抗相比较大，电抗值则小于正常时的 2 倍。此外，在变压器绕组星形 - 三角形联结下，线路接地短路会引起异常大的短路电流。这些力通过预干燥间隔件和绝缘结构以及通过在夹钳或压力下对线圈进行预压缩来释放（图 15.18）。

图 15.18　线圈夹紧机和夹具

15.4 铁心设计

通常，对于这种太阳能替代能源的应用，铁心是由圆形和矩形构成，如图 15.19 所示：

1）圆形卷心；

2）环形心；

3）矩形心。

使用 CRGO Si 钢或热轧（HR）钢取决于所需要的磁通密度。前者用于接近 1.7T 的磁通密度，而后者用于当磁通密度要求较低时，例如最大为 1.3 ~ 1.5T。CRGO Si 钢的饱和度比额定值高约 15%，HR 钢比额定值高约 10%。

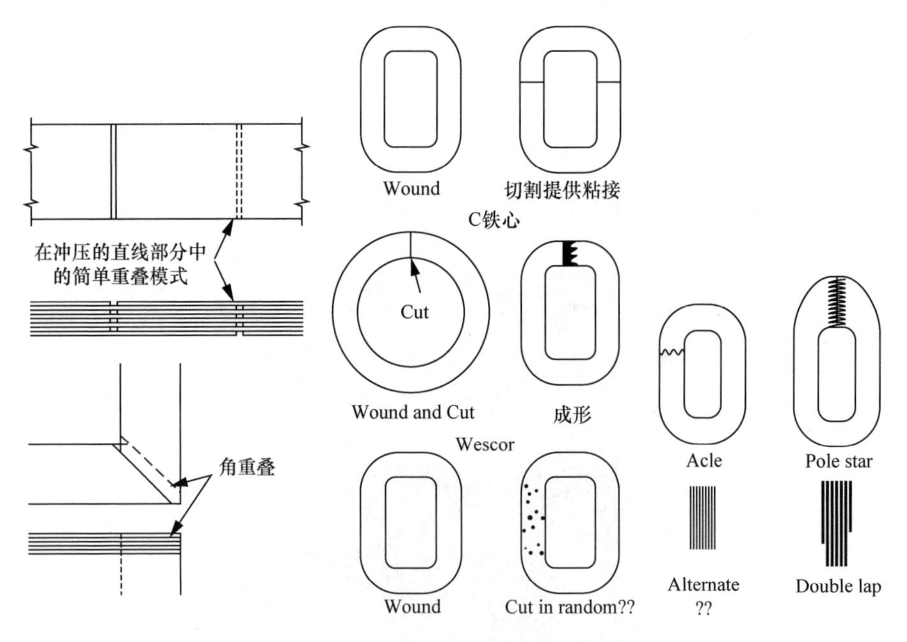

图 15.19 DPV - GT 铁心的不同形状

图 15.20 显示了三肢结构的 DPV - GT 铁心截面（见表 15.8），并且呈现相应的步长。

在某些情况下，有些制造商使用高达约 1000kVA、33kV 的非晶铁心材料。许多美国公司通常不会接受这样的设计，因为铁心很脆，并且可能引起铁磁共振，这样会在系统中引入除系统中逆变器所产生的谐波之外的谐波含量。在这种铁心中，非线性电感值要小得多，相关线路电容所产生的谐振频率非常接近 60Hz 或 50Hz，其相关谐波可能包含 100 次分量。通过下式验证计算：

$$\omega = 1/[2\pi \, \mathrm{Sqrt}(LC)] \tag{15.18}$$

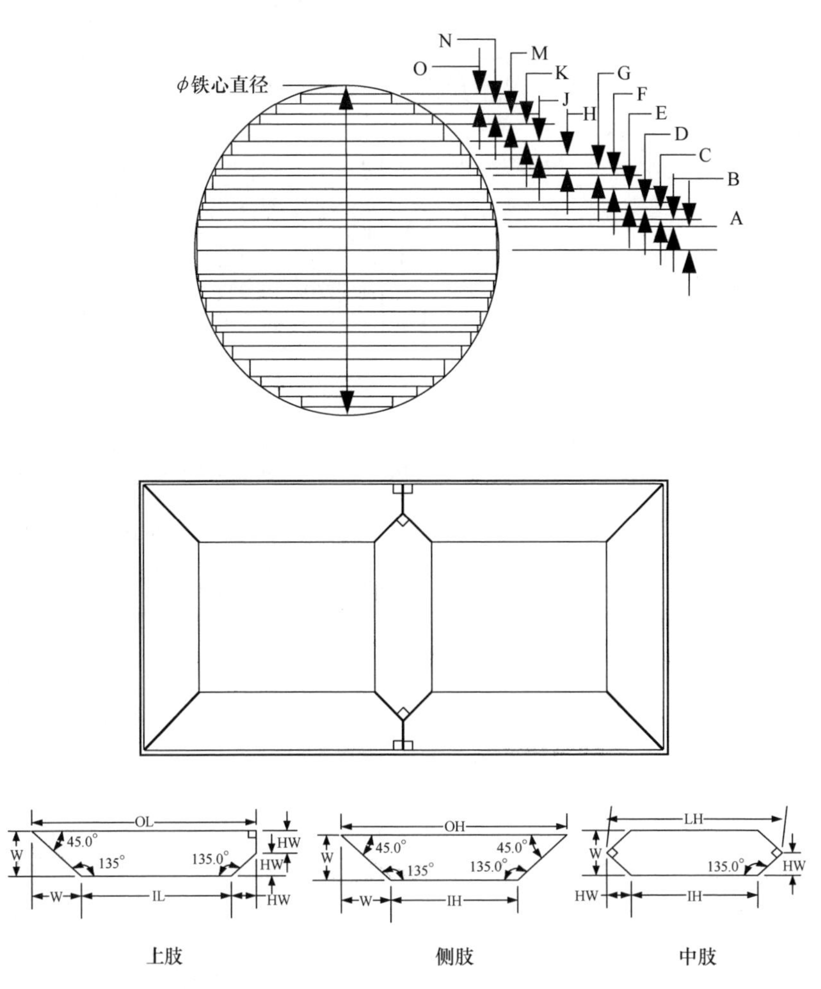

图 15.20　三相工业变压器的铁心部分，显示了每个宽度具有不同层压宽度和堆叠厚度的横截面以及叠片的平面布局

DPV - GT 铁心的设计还需要考虑到许多地区的相关地震情况。铁心必须承受高达 2gs 的力。绕组和铁心可以通过足够的卷绕锚固和铁心夹紧设计来承受这种力。

在选择变压器时，必须评估各种因素，以满足负载和应用的需要。

选择变压器所花费的时间似乎与装置的大小成正比。选择小型变压器，常常只需粗略看看连接的负载，往往就决定购买一个比预期负载更大的 kVA 等级变压器。与之相反，大型变压器，例如用于电力应用中的变压器，因为投资比较大，所以在选购时会进行严格的评估。

商业和工业设施中使用的变压器大多都处于中间位置，它们的额定值通常在 250 ~ 1000kVA 之间。在较大的项目中，它们可达到 10MVA。因为这些变压器代表大多数，所以在为特定项目和/或应用选择机组前，应当对它们进行仔细评估。

表 15.8

a）图 15.20 的 DPV－GT 铁心堆叠厚度细节

参考数	铁心直径/cm	堆叠总厚度'Z'/mm	0.97 空间因子下净面积/cm^2		堆叠宽度/mm											
					A	B	C	D	E	F	G	H	K	M	N	O
1	28	252	555.4	支架	270	260	250	240	220	200	180	150	120			
				轭	270	260	250	240	220	200	180	150	150			
2	30	274	614.6	支架	290	280	260	250	230	220	200	180	150	120		
				轭	290	280	260	250	230	220	200	180	150	150		
3	32	296	735.6	支架	310	300	290	270	250	230	210	180	150	120		
				轭	310	300	290	270	250	230	210	180	150	150		
4	34	314	829.5	支架	330	320	310	290	270	250	220	200	160	130		
				轭	330	320	310	290	270	250	220	200	160	160		
5	36	330	931.0	支架	350	340	330	320	290	280	260	240	210	180	140	
				轭	350	340	330	320	290	280	260	240	210	180	180	
6	38	352	1040.8	支架	370	350	340	320	320	280	260	240	210	180	140	
				轭	370	350	340	320	320	280	260	240	210	180	180	
7	40	370	1153.3	支架	390	380	370	350	350	300	280	250	220	190	150	
				轭	390	380	370	350	350	300	280	250	220	190	190	
8	42	384	1268.4	支架	410	400	390	380	380	340	320	300	270	250	220	170
				轭	410	400	390	380	380	340	320	300	270	250	220	220
9	44	390	1371.2	支架	430	420	410	390	390	350	330	300	270	240	200	
				轭	430	420	410	390	390	350	330	300	270	240	200	

b）图 15.20 的 DPV－GT 铁心堆叠厚度细节

参考数	铁心直径/cm	堆叠总厚度'Z'/mm	0.97 空间因子下净面积/cm^2		堆叠宽度/mm												板料尺寸/mm
					A	B	C	D	E	F	G	H	K	M	N	O	
1	28	252	555.4	支架	38	14	12	9	14	11	10	11	7				75×6
				轭	38	14	12	9	14	11	10	11	7				
2	30	274	614.6	支架	39	15	21	8	14	5	10	8	10	7			75×6
				轭	39	15	21	8	14	5	10	8	10	7			
3	32	296	735.6	支架	40	16	12	18	14	12	9	12	9	6			75×6
				轭	40	16	12	18	14	12	9	12	9	6			
4	34	314	829.5	支架	41	17	12	19	15	12	14	8	12	7			75×6
				轭	41	17	12	19	15	12	14	8	12	7			
5	36	330	931.0	支架	43	17	12	11	17	14	11	10	12	9	9		100×6
				轭	43	17	12	11	17	14	11	10	12	9	9		
6	38	352	1040.8	支架	44	30	11	18	14	12	10	9	11	9	8		100×6
				轭	44	30	11	18	14	12	10	9	11	9	8		
7	40	370	1153.3	支架	45	18	13	21	17	19	10	14	11	8	9		100×6
				轭	45	18	13	21	17	19	10	14	11	8	9		
8	42	384	1268.4	支架	46	19	13	12	19	15	13	10	14	8	10	13	125×6
				轭	46	19	13	12	19	15	13	10	14	8	10	13	
9	44	390	1371.2	支架	47	19	14	22	18	14	12	15	13	11	10		140×6
				轭	47	19	14	22	18	14	12	15	13	11	10		

（续）

c）图 15.20 的 DPV – GT 铁心堆叠厚度细节

编号	铁心圆直径 /cm	堆叠厚度 /cm	Sp. 因子	净面积（支架） /cm^2	净面积（轭） /cm^2	数量比 （支架/轭）
1	9.9	8.6	0.97	65.8	75.2	5/2
2	10.8	9.0	0.97	77.0	87.3	5/2
3	11.7	10.6	0.97	94.9	99.1	6/4
4	13.3	12.4	0.97	122.6	129.6	6/4
5	14.3	13.4	0.97	143.0	149.2	7/5
6	15.2	14	0.97	160.8	168.2	7/5
7	16.4	15.2	0.97	189.5	195.7	7/5
8	17.6	16.2	0.97	220.0	226.0	8/6
9	18.5	17.2	0.97	241.1	247.7	8/6
10	19.7	18	0.97	270.6	281.5	8/6
11	20.7	19	0.97	304.4	313.5	8/6
12	21.7①	20.2	0.97	333.7	339.9	8/6
13	23.8	22	0.95	390.4	404.1	8/6
14	25.2	23.2	0.95	439.3	454.7	8/6
15	28.0	25.2	0.97	555.4	555.4	9/9
16	30.0	27.2	0.97	641.6	641.6	10/10
17	32.0	29.6	0.97	735.6	735.6	10/10
18	34.0	31.4	0.97	829.5	829.5	10/10
19	36.0	33.0	0.97	931.0	931.0	11/11
20	38.0	35.2	0.97	1040.8	1040.8	11/11
21	40.0	37.0	0.97	1153.3	1153.3	11/11
22	42.0	38.4	0.97	1371.2	1371.2	12/12
23	44	39	0.97	1371.2	1371.2	11/11

① 设计中使用的铁心尺寸。

15.4.1 选择过程

变压器选择的三要素：

- 有足够的容量来处理预期的负载（以及一定的过载）。
- 考虑可能增加容量来处理潜负载增长。
- 分配给购买的资金是基于其一定的预期寿命（考虑到初始、运营和安装成本的最佳决策）。

容量和成本都涉及应评估的一些因素，包括：

- 装置的应用：DPV - GT 具体被用于哪里？
- 绝缘类型（液体填充或干式）的选择：通常，干式变压器优选用于采矿应用。
- 绕组材料选择（铜或铝）：低等级的变压器优选铝绕组以降低成本。
- 低损耗铁心材料的使用：CRGO 或在某些情况下，在 DPV - GT 中采用非晶铁心材料。
- 调节（电压稳定）：一般小于 5%。
- 预期寿命：对 DPV - GT 来说通常接近 20 年。
- 任何超载要求。
- 基本绝缘水平（BIL）：符合 IEEE 标准的 I 类。
- 温度考虑：55/65℃适用于大多数户外应用。
- 损耗（无负载和运行损耗）：符合终端用户所指定的保证值。
- 任何非线性负载需求：优先选择 DPV - GT。
- 屏蔽：通常可用于 66kV 绕组以均衡电压应力，以获得更好的 α 值。
- 配件。

15.4.2 组件的应用

负载类型和变压器的放置是必须考虑的两个关键因素。例如，如果该组件将用于重型焊接服务，例如汽车工厂，则需要非常刚性的结构，因为线圈将经历非常频繁的短路型负载；因此，可能需要良好的短期过载能力。

为与设备预期寿命相适应的特定应用选择变压器尺寸，需要很好地了解其绝缘特性和由于加载所引起的绕组温度。反过来需要仔细分析负载曲线（包括幅值、持续时间以及线性和非线性负载的程度）。

在正常条件下运行的变压器的标准参数包括：

- 输入电压和频率的额定值。
- 近似正弦输入电压。
- 负载电流，其谐波因子不超过 0.05 pu。
- 安装海拔不超过 1000m（3300ft）的高度。
- 在 IP 级指定的安装环境中无任何有害的烟雾、灰尘、蒸气等。
- 环境温度不得超过每日平均 30℃或最高不超过 40℃，最低不低于 -20℃。
- 过载在 ANSI/IEEE 加载指南（干或液体）可接受级别之内。

如果在特定应用中无法满足上述某些条件，那么就应该与制造商紧密合作，以便所选变压器的工作特性和/或尺寸能够应对特殊情况。例如，如果环境温度超过标准条件，或者将设备安装在海拔较高的地方，那么适当的解决方案可能是指定一个额定值高于负载所需的变压器，实际上未充分利用组件来补偿当地情况。

15.4.3 选择液体填充式或干式

有关可用类型变压器的优缺点的信息，通常根据您正在联系的制造商以及您正在阅读的文献而有所不同 。然而，有一些性能和应用特性几乎被普遍接受。

基本上有两种不同类型的变压器：液体绝缘并冷却（充液式）和非液体绝缘，空气或空气/气体冷却（干式）。此外，每个主要类型都有子类别。

充液式变压器的冷却介质可以是常规的矿物油。还有使用较少易燃液体的湿式变压器，例如高燃点碳氢化合物和有机硅。

充液式变压器通常比干式变压器更有效，它们通常有更长的预期寿命。而且，液体是降低线圈中热点温度更有效的冷却介质。此外，充液组件具有更好的过载能力。

但是存在一些缺点。例如，由于使用可能引起火灾的液体冷却介质，其液体型组件的防火更为重要（干式变压器也会起火）。保护不当的湿式变压器甚至会爆炸。而且，根据应用，充液式变压器可能需要一个安全壳，以防止流体泄漏。

由于上述原因以及额定值，600V 及以下的室内安装配电变压器通常为干式变压器。

可以说，在选择变压器时，干式和湿式之间的转换点在 500kVA ~ 2.5MVA 之间，干式用于较低额定值，湿式用于较高额定值。选择使用何种类型的重要因素包括安装变压器的位置，例如在办公楼内部或外部，为工业负载提供服务。干式变压器可提供额定值超过 5MVA，但绝大多数高容量变压器是充液式的。对于户外应用来说，湿式变压器是主要的选择。

干式变压器需要具有百叶窗或密封的封闭空间。子类别包含不同的绝缘方法，例如常规清漆、真空压力浸渍（VPI）清漆、环氧树脂或浇注树脂绝缘系统。

充液配电变压器的绝缘系统通常是由漆包线、浸渍有电介质的纤维素纸和液体本身组成。最常用的电介质级纸来自软木的硫酸盐（牛皮纸）木浆。随着双氰胺在造纸过程中的引入，标准温升现在为 65℃。

美国的环境温度基准是 24h 平均温度 30℃，最高 40℃。目前允许的热点温度（平均绕组温度上升与绕组中最热点之间的差）为 15℃。因此，基于 30℃的平均环境温度，允许的操作热点温度为 110℃。

新的合成绝缘材料允许更高的热点。这些材料包括聚酯、玻璃纤维，更常见的是芳族聚酰胺纸。“芳族聚酰胺纸”是全部芳族聚酰胺纸的通称术语。为了保持可接受的热点温度限制的同时保持成本合理，芳纶和热升级牛皮纸在混合绝缘系统中一起使用。在撰写本书时，正在使用这种技术构建新型充液式变压器，即所谓的高温变压器（HTT）。HTT 的温升是在 30℃的平均环境温度下平均上升 115℃。考虑到平均绕组温度（145℃）和热点温度之间的温差（20℃），最高温度（165℃）将高于常规变压器油（矿物油）的着火点。因此，建议将耐火液用于 HTT。

用液体适当浸渍纸张的过程是标准制造操作。铁心/线圈组件安装在油箱中，引线组件连接在一起，然后开始填充过程。在二次引线通电以加热并排出多余水分时，会产生部分真空。之后，在真空下引入过滤的介电液体进行加热脱气。在填充完和抽空后，将油箱盖密封就位。液面表面和油箱盖之间的顶部空间，可允许由于热循环所引起的膨胀和收缩，可使用较大单位的干燥氮气。

15.4.4 环境问题

对于含有超过660gal 的充液式变压器，美国环境保护署（EPA）要求对其采用某种类型的密封以控制可能的液体泄漏。对环境不友好的液体，如多氯联苯（PCB）和氯氟烃（CFC），已被禁用或受到严格限制，其中大部分被无毒、非生物累积和非消耗臭氧的液体所取代，如耐火有机硅和耐火碳氢化合物。“资源保护和恢复法案”（RCRA）中不涵盖这些液体；但是“清洁水法案”（CWA）有涵盖。

RCRA 和 CWA 涵盖了一些变压器液体（被称为不可燃性液体），并且可能需要特殊处理、泄漏报告、处置程序和记录保存方面的某些要求。这些液体还需要配备特殊的变压器通风装置。因此，上述因素可能会影响安装成本、长期运营成本和维护程序。

15.4.5 液体介质选择因素

液体电介质冷却剂的选择，主要受经济学和法规的影响。常规矿物油非常经济，如果没有不寻常的作业，则可以提供几十年的服务。

由于变压器中可能产生高能量的电弧，因此消防安全至关重要。当常规矿物油受到限制时（通常是由于防火规范要求），通常使用不易燃液体。最受欢迎的是耐火烃（也称为高分子量烃）和 50 cSt（黏度测量单位）硅油。其他流体包括高燃点多元醇酯和聚 - α - 烯烃。除安全考虑外，还应评估充液式变压器在介电强度和流体传热能力方面的性能因素。耐火的碳氢化合物流体已被广泛用于 60 MVA 的电力级转换，并且具有 500kV 以上的 BIL。

爱斯开勒（Askarel）流体是一种通用术语，用于描述液体电介质中的防火安全标准，其中包括一些特定的耐火电绝缘液体，如常用的 PCB。但是，由于毒性和环境问题，PCB 被禁用。

15.4.6 浇注线圈绝缘系统

干式变压器的绕组可以通过各种方式绝缘。一种基本的方法是预热导体线圈，然后在加热时将其浸入高温清漆中。随后烘烤线圈以固化清漆。该方法是开放式的，有助于确保清漆的渗透。绕组中的冷却管道提供了一种有效且经济的方式，通过允许空气流过管道开口来消除由于变压器电损耗而产生的热量。这种干式绝缘系统在大多数商业建筑物和许多工业设施环境下运行良好。

当需要较大的绕组机械强度和增加电晕电抗（由场强超过绝缘体的介电强度而引起的放电）时，清漆的 VPI 通过使用真空和压力将绝缘（清漆）压入线圈。有时，为了不受环境影响（当环境空气存在有害成分时），端部线圈也用环氧树脂混合物密封起来。

当需要额外的线圈强度和保护时，使用另一种干式变压器的线圈绝缘系统。这种类型的绝缘材料用于位于恶劣环境的变压器，例如水泥和化工厂以及户外装置，其中湿气、盐雾、腐蚀性烟雾、灰尘和金属颗粒等会破坏其他类型的干式变压器。这些浇注线圈单元能够更好地承受大功率浪涌，例如在运输系统和各种工业机械中变压器所经历的频繁但短暂的过载。铸造线圈组件也被用于曾只有充液式组件可用的恶劣环境中。它们在拥有相同水平 BIL 的同时仍能够为线圈和端子的引线提供充分保护。

与开放式或 VPI 变压器不同的是，浇注线圈单元的绕组完全采用实心环氧树脂浇注而成。通常在真空下将线圈被放置在模具中进行浇铸。环氧树脂是一种特殊的类型，能够保护线圈免受腐蚀性和潮湿环境的危害，以及免受与电源浪涌和短路相关的高机械应力的影响。将矿物填料和玻璃纤维加入到纯环氧树脂中以达到更大的强度。同时还增加了灵活性以提高其随着线圈导体而膨胀和收缩的能力，使变压器在各种负载条件下都能够正常运行。

不同的制造商使用的环氧填充材料和用量不同。制造商在选择填充材料和使用比例时必须考虑的重要因素包括：

- 变压器的额定温度；
- 线圈的机械强度；
- 绝缘体的介电强度；
- 导体在各种载荷下的膨胀率；
- 绝缘系统的抗热振性。

浇注线圈变压器由独立绕制和浇注的高、低压线圈组成。在制造过程中，使用预绝缘线将高压线圈绕组以特定的模式放置。然后将完全缠绕的线圈放置在模具中，使线圈周围形成环氧树脂重涂层。在真空填充环氧树脂之后，将模具放置在烘箱中数小时以使环氧树脂固化以达到充分的硬度和强度。

有两种类型的低压绕组可用，这两种类型都可以提供保护免受恶劣环境的影响。一种类型是真空浇注，如高压绕组。另一种类型使用环氧树脂应用的“非真空技术”来达到所需的强度。片状绝缘材料，如 Nomex®或玻璃纤维，用未固化的环氧树脂浸渍，然后交错在重型的低电压导体上，以“注入”环氧树脂。在低压线圈烘箱固化期间，环氧树脂流到导体上，固化成强度很高的实心圆柱体。然后通过将环氧树脂浇注到绕组的边缘或末端，以将这些非真空线圈完全密封。这两种加工程序都能够很好地应对恶劣环境。

与制造浇注线圈变压器相关的附加材料和程序，使得浇注线圈变压器的成本更高。但是，浇注线圈变压器运行损耗较低，所需的维护比常规类型变压器要少，在易使传统干式变压器出现故障的恶劣环境中也能有效运行。此外，如果操作得当，浇注线圈变压器通常比干式变压器具有更长的使用寿命。

15.4.7　线圈缠绕材料的选择

变压器的线圈可以用铜或铝导线绕制。对于相同的电气和机械性能，铝绕线变压器的成本通常低于铜绕线变压器。由于铜的导电性能更好，铜绕线变压器有时可能会略小于铝绕线变压器，因为铜导体绕组的体积将更小。但是，大多数制造商会同时提供相同外壳尺寸的铝绕线和铜绕线变压器。

迄今为止在美国，大多选择铝绕线变压器。使用铜和铝这两种材料，其绕线工艺和绝缘应用是一样的。与端子的连接是通过焊接或钎焊。由铜线制成的线圈具有稍高的机械强度。

需要确定变压器制造商在构建其产品方面的经验，以及该公司在使用这两种类型的导体方面是否有可靠的记录。对于干式装置的制造商尤其如此。

15.4.8 使用低损耗铁心材料

金属的选择对于变压器铁心至关重要，使用优质的磁钢非常重要。有很多等级的钢可用于变压器铁心。每个等级的钢（lb）都会对效率产生影响。选择的结果取决于如何评估无负载损失和总占有成本。

由于磁滞和涡流的影响，目前几乎所有的变压器制造商都在其铁心中使用低损耗的钢材。为了实现高渗透性、冷轧、晶粒取向这些效果，几乎总是使用硅钢。铁心的构造采用步进斜接接头，其中层叠体需要进行小心堆叠。

15.4.9 非晶态铁心

1986 年商业上推出的一种新型充液式变压器采用非晶态金属制成的超低损耗铁心，其铁心损耗比使用硅钢的变压器低 60% ~70%。迄今为止，这些变压器主要用于电力设施的配电运行，并使用非晶态金属来缠绕切割铁心。它们的额定值范围为 10 ~2500kVA。公司购买它们是由于其具有高效率，即使它们比硅钢铁心变压器更昂贵。到 1995 年，美国公司投入使用超过 40 万台非晶态铁心变压器。非晶态铁心充液式变压器现在正在扩展用于工业和商业安装的电力应用。在日本等其他国家尤其如此。

非晶态金属是不具有结晶形式的新一类材料。常规金属具有晶体结构，其内部的原子形成有序、重复的三维结构。非晶态金属的特征在于其原子的随机排列（因为原子结构类似于玻璃的原子结构，该材料有时被称为玻璃状金属）。这种原子结构，以及金属成分和厚度的差异，使得新材料中的滞后和涡流损耗都非常低。

成本和制造技术是向市场推出各种非晶态铁心变压器的主要障碍。这些装置的价格通常比硅钢铁心变压器的价格高出 15% ~40%。在某种程度上，价格差异取决于与之进行比较的硅钢等级。（变压器铁心使用的钢越节能，钢的价格越高。）

目前，非晶态铁心并未应用于干式变压器。然而，非晶态铁心变压器正在进行持续的开发工作，将这种特殊金属用于干式变压器在未来可能成为现实。

如果考虑使用非晶态铁心变压器，应当权衡经济成本。换句话说，也就是组件的价格与损耗的成本。当变压器轻载时，损耗尤其重要，例如在大约晚上 9 点到早上 6 点 。在轻载时，铁心损耗为变压器总损耗的最大组成部分。因此，考虑变压器所处位置的电力成本是进行经济性分析的非常重要的因素。

不同的制造商生产非晶态铁心的能力不同，最近有些制造商在研发变压器铁心方面取得了实质性进展。使用非晶态钢构造铁心的技术难点限制了使用这种材料的变压器的尺寸。这种金属不容易加工，非常坚硬且难以切割，薄而脆，而且难以大块获得。然而，这些类型变压器的开发仍在继续；未来将会生产 2500kVA 以上的组件。

15.4.10　对抗恶劣条件

在恶劣环境中，无论在室内还是室外，变压器的铁心/线圈、导线和附件都必须得到充分保护。

在美国，几乎所有的充液式变压器都是密封式结构，可自动为内部组件提供保护。外部连接可以用“前端不带电式的”连接器进行以屏蔽引线。对于高腐蚀性环境，可以使用不锈钢罐。

干式变压器可安装于室内或室外。绕组中的冷却管道使热量散发到空气中。干式变压器几乎可以在商业建筑和轻工业制造的所有环境下进行室内操作。

对于户外操作，干式变压器的外壳通常会有通风条。但是，因为绕组被暴露在空气中，所以这些变压器会受到恶劣环境（污垢、水分、腐蚀性烟雾、导电粉尘等）的影响。然而，干式变压器也可以使用密封的罐体以抵抗恶劣的环境。这些组件在各自的不可燃介质气体环境中运行。

建造适用于恶劣环境的干式变压器的其他方法包括浇注线圈组件、浇注树脂组件和真空压力封装（VPE）组件，有时使用硅油清漆。除非干式组件完全密封，否则即使在非恶劣环境下也应定期清洁铁心/线圈和导线组件，以防止日积月累的灰尘和其他污染物。

15.4.11　绝缘子

干式变压器通常使用由玻璃纤维增强聚酯模塑料所制成的绝缘子。这些绝缘子的额定电压最高可达 15kV，适用于室内或防潮外壳。充液式变压器采用陶瓷绝缘子，它们的额定电压超过 500kV。陶瓷绝缘子具有耐磨性，适合户外使用，易于清洁。

高压陶瓷绝缘子含有浸油纸绝缘层，可作为电容式分压器，提供均匀的电压梯度。功率因数测试必须以特定的间隔进行，以验证这些绝缘子的状态。

15.4.12　调节

二次空载电压和满载电压之间的差异是衡量变压器稳压的指标。这可以通过使用下式来确定：

调节(%) = (100)([V. sub. nl] − [V. sub. fl])/([V. sub. fl])　　(15.19)

当 V. sub. fl 保持恒定时，其中［V. sub. nl］是空载电压，［V. sub. fl］是满载电压。调节不当意味着随着负载的增加，二次端子的电压将大幅下降。该电压下降是由于绕组中的电阻和绕组之间的漏电抗引起的。然而，良好的调节也会带来一些其他问题。

在低阻抗条件下电压调节和效率均得到改善，但同时出现严重损害的可能性也会增大。有时制造商为了满足良好调节的要求，将变压器的漏电抗设计低至 2%。如果变压器在二次侧发生短路，特别是在系统总功率较大（低阻抗源）时，如此设计的变压器可能会遭受严重损害。

变压器中的机械应力近似随电流的二次方变化。在具有2%阻抗的变压器中，由短路引起的变压器中的应力可能大约是具有5%阻抗的变压器中的应力的6倍（其中电抗是阻抗电压降的主要分量）。

当然，良好的电路保护方案可以解决这个问题。如果您希望在变压器规范中包含遵循ANSI/IEEE短路测试指南的规定，则可以随时获得完整的短路电路测试规范；C57.12.90－1993包含充液组件的规范，C57.12.91－1995规定干式组件的规范。

15.4.13 电压分接头

即使调节良好，如果输入侧电压发生变化，变压器的二次电压也会发生变化。当变压器连接到公用工程系统时，取决于市电电压；当系统变化或有新负载连接到线路时，设施的输入电压可能会降低，也可能会增加。

为了应对这种电压变化，变压器通常使用有载分接开关（LTC），有时也使用无负载分接开关（NLTC）。（LTC在负载连接时工作，而NLTC必须断开负载。）这些装置由在不同位置连接到一次或二次绕组的抽头或引线组成，以在不同的条件下从二次绕组向负载提供恒定的电压。

连接到一次绕组的分接开关，可以改变从输入线到各种引线至绕组的连接。当分接开关连接到二次绕组时，连接变为从绕组连接到输出导体。

分接开关可通过手动切换或自动方式进行操作。带分接开关的变压器通常有一个分接开关位置指示器，以指明当前使用什么分接头。

15.4.14 预期寿命

人们普遍认为变压器的使用寿命就是绝缘系统的使用寿命，而绝缘的寿命与所承受的温度有关。应该认识到，绕组的温度是变化的；对于干式变压器，通常比绕组平均温度高30℃。热点温度是最高环境温度、上升的平均绕组温度（绕组指的是导体）以及绕组的梯度温度（梯度是绕组平均上升温度和绕组的最高温度之差）三者之和。

变压器的铭牌kVA额定值，指的是组件在正常工作条件下运行时，会导致额定温升的kVA负载量。变压器在这些条件下运行时（包括使用正确等级的绝缘材料时会达到的热点温度），可以达到其正常使用寿命。

有关ANSI/IEEE C57.96－1989干式变压器负载的信息表明，变压器的绝缘系统可以有20年的预期寿命。然而，由于绝缘性能的退化，变压器的绝缘系统可能不到20年就会失效。对于具有220℃绝缘系统和绕组热点温度为220℃的干式变压器来说，只要没有异常的工作条件，正常情况下就可以实现20年的预期寿命。[220℃表示在最高环境温度为40℃（104℉），导体绕组平均升高150℃以及30℃梯度温度的情况下所使用的变压器。]

大多数150℃温升干式变压器会采用220℃绝缘系统。在平均环境温度为30℃的情况下以额定kVA连续运转的变压器能够达到其正常使用年限。（请注意，任何24h内40℃最高环境温度，30℃作为24h平均值被视为标准环境温度。）

当仅考虑热因素时，如果工作温度低于绝缘体的最高额定温度，变压器的寿命将明显增加。但是，在不同温度下工作的变压器的预期寿命并不准确。波动的负载条件和环境温度的变化使得难以（如果不是不可能）得到这样的准确信息。

15.4.15　超载

为了有效地操作电气系统，有时需要变压器超载以满足运行条件。因此，必须向变压器制造商了解，本机可承受什么样的超载而不会引起问题。

主要问题是散热。如果变压器因某一因素超载，比如在一段时间内以超过 kVA 额定值的 20% 运行，那么绕组中产生的任何热量都有可能很容易地转移到变压器油箱的外壳。因此，有可能超载不会造成问题。但是，当涉及更长的过载持续时间时，热量将开始在变压器内部积聚，并可能引起很严重的问题。

消除这种热量的有效方法是使用内置风扇；这样可以在不增加变压器的 kVA 额定值的情况下增加负载能力。

干式变压器通常具有自冷等级 1.33 倍的风冷等级。一些变压器设计可以提供 1.4 ~ 1.5 倍的自冷等级。如果有这样的要求，就应该仔细编写书面说明。

充液式变压器由于其双重传热要求（铁心/线圈对液体以及液体对空气），而具有较低的风冷等级。通常，较大的“小型电力变压器”为自冷等级的 1.25 倍，小型装置为自冷等级的 1.15 倍。当高于 10 MVA 时，该比例可高达 1.67∶1。

当使用强制冷却时，应注意两个不同的因素。首先，该概念用于获得更高的变压器容量，但是这样做的同时，损耗会大幅增加。干式变压器的自冷等级为 133% 时，运行时其导体损耗将达到自冷额定值的 1.8 倍。此外，风扇电动机运行时也会有一些电能损失。无论负载如何，正常的空载损耗都保持不变。另一个不利因素在于，当使用额外的设备，如风扇时，发生故障的概率会增加。

ANSI/IEEE C57.91 - 1981 中的表 5 “额定 500kVA 及以下矿物油浸入式电力变压器装载指南”，列出了基于正常使用寿命的充液式 65℃ 温升变压器的负载能力。

ANSI/IEEE C57.96 - 1989 中的表 6 “加载干式变压器指南”，列出了基于正常使用寿命的 200℃ 干式绝缘系统变压器的负载能力。

15.4.16　绝缘等级

变压器的绝缘水平基于其基本绝缘电平（BIL）。对于给定的系统电压，BIL 可能会有所不同，具体取决于系统过电压值，变压器在整个生命周期中可能都会遇到。ANSI/IEEE 标准 C57.12.00 - 1993 和 C57.12.01 - 1989 表明可以针对给定系统电压指定 BIL。应该根据对类似系统或系统的先验知识进行选择研究，如由合格的工程公司或选择可用于系统电压的最高 BIL。

如果所涉及的电气系统包括固态控制，则要非常仔细地选择 BIL。这些控制器在操作时会切断电流，可能会导致电压瞬变。

15.4.17 充液式变压器的温度考虑因素

充液式变压器使用基于纤维素/流体系统的绝缘材料。该流体既用作绝缘又用作冷却介质。在制造绕组时使用矩形或圆柱形，并且在绕组的层与层之间使用间隔物。间距对于液体流动以及冷却绕组和铁心是必要的。

为了进行冷却，变压器中的液体通过管道在包围铁心和线圈的密封罐内环绕着线圈端流动。液体中热量的去除在外管中进行，通常被设计成椭圆形，焊接到外部箱壁上。

当变压器额定值超过5 MVA 时，就需要额外的传热。这时可以使用散热器；它们包括从底部和顶部的变压器箱所延伸的集管，其中管排连接在两个集管之间。作为冷却介质的变压器液体，传递从铁心和线圈处获得的热量，并通过管道将其散发到空气中。

目前在充液式变压器中使用的纸绝缘材料进行了热升级，标准为绕组温度平均升高65℃。20 世纪 60 年代之前，标准为上升 55℃。

有时，变压器规格的额定温度为55/65℃。这使得运行能力提高了 12%，因为所指定的 kVA 是基于以前的 55℃升温标准，而现在提供的纸绝缘材料是热升级后的牛皮纸类型。

无论是充液式还是干式组件，变压器设计的关键因素是绝缘体可承受的温升量。降低变压器的温升额定值可以通过两种方式实现：增加绕组的导体尺寸（这减小了电阻并因此降低了加热），或是通过降低更大的、温升更高的变压器的额定值。使用后一种方法时要小心——因为变压器的阻抗百分比是基于较高的额定值，所以故障电流和起动初始的浪涌电流将成比例地高于其施加的额定值。因此，下游设备可能需要具有更高的耐受性和中断额定值，并且主断路器可能需要具有更高的跳闸设定值以保持起动。

温升较低的变压器，其体积较大，因此将需要更多的空间。另一方面，温升较低的变压器将具有较长的使用寿命。最新的能源代码建议在不影响操作和电气系统可靠性要求的情况下选择空载，部分负载和全负载损耗组合最优的变压器。

15.4.18 干式变压器的温度考虑因素

干式变压器有三种通用的绝缘类型。绝缘的主要特点是提供绝缘强度并能够承受一定的热量限制。绝缘等级为 220℃（H 级）、185℃（F 级）和 150℃（B 级）。温度上升额定值是基于环境温度（通常比环境温度高 40℃）的满负载上升，为 150℃（仅适用于 H 级绝缘），115℃（可用于 H 级和 F 级绝缘），80 ℃（可用于 H、F 和 B 级绝缘）。每个等级绕组的热点容限为 30℃。

温升较低的变压器具有更高的效率，特别是在 50% 及更高的负载下。115℃变压器的满载损耗比 150℃变压器低约 30%。80℃变压器的损耗比 115℃变压器低约 15%，比 150℃变压器低 40%。对于 30kVA，150℃变压器的满载损耗范围可达 4% ~5%；对于 500kVA 及以上，其负载损耗小于 2%。

当在65%以上满载连续运行时，115℃变压器的回报在两年或更短的时间内超过150℃变压器（如果90%满载运行，则为一年）。80℃变压器需要在75%或更高的满负载下运行两年，或是100%负载运行一年才能超过150℃变压器的回报。如果80%以上满载运行，则80℃变压器在两年或更短的时间内回报超过115℃变压器（100%负载为1.25年）。

设计人员应注意，在负载低于满载的50%时，无论是115℃还是80℃变压器都基本上无法超过150℃变压器的回报值。此外，在低于40%的负载下，较低温升的变压器效率会低于150℃变压器。因此，不仅没有回报，而且年运营成本也较高。

15.4.19 损耗

由于变压器的成本涉及安装成本和运营成本，而且由于电力成本不断上升，一段时间内因变压器损耗而导致的能量损失成本可能会大大超过组件的购买价格。因此，对变压器的空载和负载损耗进行仔细评估是很重要的（表15.9）。

空载损耗包括铁心中的磁滞和涡流损耗，一次绕组中的空载电流所引起的铜损耗以及介电损耗。铁心损耗是最重要的。

负载损耗包括绕组中的FR损耗、由于电流损耗引起的FR损耗、导体中的漏电流导致的涡流损耗、变压器钢结构中的杂散损耗。指定更高的效率需要较大的线圈来减少FR损耗。这意味着增加成本，但回报可能很大。

表15.9 DPV－GT的性能数据：损耗/阻抗

容量/(kVA)	高压/低压材料	空载损耗/W	负载损耗/W	阻抗百分比(%)
200	Al/Al	700	3680	4.75
250	Al/Al	700	4350	4.75
315	Al/Al	780	5700	4.75
315	Cu/Cu	810	5000	4.75
400	Al/Al	890	6600	4.75
400	Cu/Cu	970	5900	4.75
500	Al/Al	1080	7800	4.75
500	Cu/Cu	1220	6900	4.75

15.4.20 *k* 因子

目前一些变压器（充液式和干式）通过所谓的k因子等级来进行评定。这用于测试变压器承受当今许多电子和电气设备产生的非正弦谐波电流的加热效应的能力。由于谐波产生的问题，ANSI/IEEE在20世纪80年代晚期制定了C57.110－1986标准，即非正弦负载电流供电时变压器容量设计的规程。它适用于铭牌额定值高达50MVA的变压器，当这些组件受非正弦负载电流影响的谐波因子超过0.05pu，即基波下的百分比值。

（谐波因子定义为所有谐波的有效值与基波 60Hz 频率的有效值的比值。）

1990 年 12 月，根据上述 ANSI/IEEE C57.110－1986，UL 公布了受非正弦电流影响的干式通用和电力变压器的列表。“列表调查”旨在以某种与加热损失相关的特定方式，对变压器与特定谐波级方均根电流有关因素进行测试。测试中涉及的因素被统称为 k 因子。

符合 k 因子要求的变压器也满足了提供大中性点电流的需要。因为中性点电流可能远大于相电流，所以变压器的中性端子的尺寸有时会增加一倍，以用于额外的定制中性电缆。重要的是要认识到谐波电流造成的影响。

超大型一次侧导体用于补偿循环谐波电流。二次侧也要进行特别考虑。随着频率增加到 180Hz（如在 3 次谐波的情况下），以及更重要的，集肤效应（其中电流开始更多地集聚在导体的表面）变得更加明显。为了补偿这一点，绕组由几个较小尺寸的导体组成，总导体的表面变得更大。变压器设计还包括减少磁通量以补偿谐波电压失真。

为了帮助确定在设计设备的电气系统时变压器要使用的 k 因子，请确定系统中产生谐波的设备。然后，从设备的制造商获得关于由违规装置产生的谐波频谱和相关振幅的信息。

使用具有异常低阻抗的 k 级变压器时要尤其注意，特别是那些额定值为 $k-20$ 或更高的变压器。这种低阻抗变压器实际上可能会增加谐波中性点电流问题，甚至会导致一些负载故障或设备损坏。使用异常低阻抗的变压器将显著地增加中性点电流，因此否定了双中性线的一些优点。隔离变压器对于具有正常（3%~6%）阻抗的高次谐波负载非常重要。一些知识渊博的工程师认为，商业办公室负载使用额定值为 $k-20$ 及更高的变压器是不合适的。如果谐波具有如此高的等级，应使用额定值为 $k-20$ 或更高的变压器，并应特别注意确保其阻抗至少为 3%。

15.4.21 屏蔽

根据所服务的负载，变压器减弱电气噪声和瞬变的能力将是一个有用的属性。虽然通常所说的“噪声功率”可能无法在噪声的源头处停止，但可以采取纠正措施，包括在变压器的一次和二次侧之间施加屏蔽。当配电变压器为诸如计算机和外围设备等固态设备提供服务时，通常会考虑这种类型的结构。

有两种类型的噪声和电压瞬变：共模噪声和瞬变以及正常或横模噪声和瞬变。共模功率像差是主线与地面之间的干扰（相对地）；横模功率像差是线间扰动。重要的是要认识到这种差异，因为静电屏蔽不会减少横向干扰。然而，变压器的阻抗会略微降低横向干扰，无论变压器是否有屏蔽，都是如此。

为了显著降低横模功率像差，使用浪涌抑制器来处理瞬变，并使用滤波器来处理噪声。一些文献给出了电压正弦曲线以及干扰电压正弦曲线，以及用于减少或消除干扰的静电屏蔽的信息。这是不正确的，因为电压正弦曲线描绘的是线间特性，屏蔽对这种干扰没有影响。

静电屏蔽是一次侧和二次侧之间的接地金属屏障，可以滤除共模噪声，从而提供更纯净的功率，并减少由共模电压瞬变而引起的尖峰。屏蔽层能获取电压尖峰中的大部分能量，并将其传递到地面。许多权威机构认为 ，为将共模干扰（噪声和电压瞬态）降低60dB（1000:1）而建造的变压器，将有助于解决或防止此类电源畸变而导致的问题。有些变压器能够提供100dB（100000:1）甚至更大比率的衰减。如果计划安装的变压器的系统电能质量不佳，请获取有关设备衰减比的信息，并验证电源问题是否源于共模干扰。

衰减效应的一个例子是雷击，它会在连接到变压器一次侧的电力线上产生1000V尖峰。屏蔽能将大部分能量传递到大地，如果衰减为60dB（1000:1），一个近似的1V碰撞将被传递到二次侧，并传送到反馈线或分支电路。许多负载可以承受如此大的冲击而不会造成损坏。如果在负载之前有一个分支电路和另一个屏蔽变压器，则碰撞将会进一步由第二个变压器所减小。这种衰减是由称为“变压器级联”效应引起的。

15.4.22 将变压器放置在负载附近

在室内，屋顶或建筑物附近放置变压器，可最小化设备和主负载之间的距离，从而减少能量损失和电压降低，同时也降低了二次侧电缆的成本。这种高压设备的放置需要更多地考虑电气和消防安全问题。通过使用法规和保险公司允许的变压器，可以满足这些相互冲突的目标。

当充液式变压器作为优先选择时，不易燃的液体被广泛认可用于室内安装和近距离的建筑靠近式安装。使用低燃点或高燃点液体的湿式变压器自1978年以来已被NEC认可用于室内安装，无需电压保护，除非电压超过35kV。基于这种类型变压器的优良消防安全记录，法律和保险限制已经变得微不足道。传统的矿物油装置允许在室内使用，但是必须根据NEC第450条第C部分的施工要求将其安装在特殊的3h耐火的地下室中（除了少数例外）。使用湿式变压器时，不管使用何种类型液体，都需要进行液体密封。

干式变压器作为优先选择时，其代码限制较少。显然，这些类型的变压器不需要进行液体密封。根据NEC Sec. 450-21，必须注意最小间隙，超过112.5kVA的设备需要安装在具有耐火结构的变压器房间内，除非它们受上述两个例外之一的限制。与充液式变压器一样，超过35kV的干式变压器也必须位于3h耐火的地下室中。

充液式变压器在垫圈和配件周围可能会发生泄漏；但是，如果安装正确，将不存在这个问题。主要的维护程序可能需要检查内部部件，这意味着冷却液必须排出。与干式变压器的线圈相比，充液式变压器的线圈更容易修复。而浇注式线圈不能修复，一旦损坏，必须更换。

15.4.23 配件

配件通常会增加额外的成本，有时在制造变压器时进行安装。因此，应该对配件有一定的了解，并在变压器规格中纳入那些在安装时会有利于变压器性能的配件。可用的一些配件包括：

- 用于提供额外的防腐蚀保护的不锈钢罐和机柜（仅限充液式）。

- 用于抵抗腐蚀性气体和紫外线的特殊涂料/表面处理（仅限充液式）。
- 户外装置的防风罩、潮湿环境的防护装置和啮齿动物防护装置（仅限干式）。
- 温度监视器：从简单的温度计到更广泛的单相或三相温度监控，以及用于起动报警和/或跳闸回路以及起动冷却风扇的触点等多种选项。
- 空间加热器，以防止长时间停机期间发生冷凝（通常带恒温器）。
- 一次侧引线和二次侧引线起始的可选位置。
- 用于连接主引线到直角馈线的特殊套管。
- 安装在变压器机柜或紧密连接的机柜中的负载断路开关。
- 分接变换控制装置［通常是一种可以将输出电压改变约5%的无负载分接开关（NLTC）设备］。
- 在短路和严重过载时打开一次侧线路的内部电路保护装置。
- 液位计、排水阀、散热器护罩、取样装置和减压阀（等设备仅用于充液式变压器）。
- 内部避雷器。
- 用于防止线路或开关浪涌的内部电涌放电器。
- 用于现有和可能存在的变压器以及计量的规定。
- 日后安装风机的规定。
- 钥匙联锁装置或挂锁，以协调高压开关操作时外壳面板的开启。
- 接地故障检测规定。
- 在柜内安装小型控制电力变压器，以运行中压变压器的各种120/240V配件。
- 安装在受地震影响的单元的抗震支撑。

15.4.24 用于光伏太阳能转换的分布式光伏电网变压器的分析以及设计中的新技术

最近在分布式变压器中引入了反激式逆变器，其具有高效率和低占空比[1]。尽管该分析和设计技术尚未被应用于使用IGBT/IGCT硅器件的DPV-GT中，但对于高达500kVA能量转换的较高额定值，已经有类似该技术的方法描述。如有关文献所示，构建一个100W容量系统的原型。如图15.21所示，这种架构与使用全桥和推挽配置实现的拓扑结构相比，具有更高的效率。此外，缓冲电路用于抑制互连DPV-GT二次侧开关的瞬态电压应力（图15.21）。

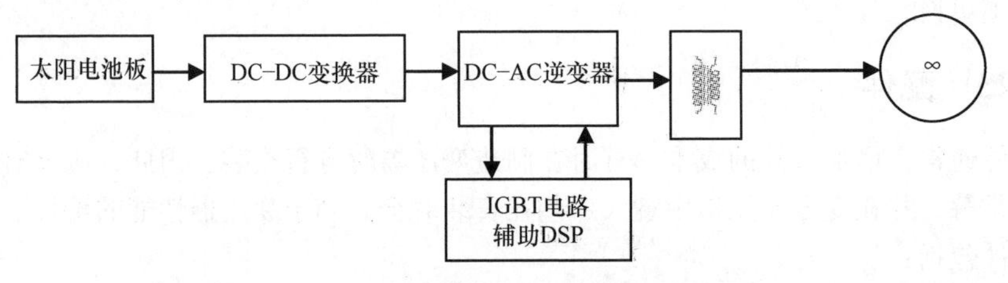

图15.21 用于提高效率的DPV-GT结构

对于一个 1000kVA 的总系统容量而言，如果需要达到更高的载流能力，可采用将反激式变换器并联连接。在一次侧，可以采用进一步并联来对电流进行分流，从而可以适当地计算和调整由于工作磁通密度（B）的增量变化而引起的 ECL、铜损耗以及磁心损耗，以满足保证损耗。

15.4.25 磁路设计

获得最佳效率的关键部分是设计磁心，以将 DPV - GT 的相关磁心损耗最小化。通过引入气隙，减小了 B/H 曲线的运行斜率，从而降低了残留磁通密度，增大了 DPV - GT 新方法的工作范围（图 15.22）。气隙可以位于中间结构或外部结构中，如图 15.22 所示。一般优先选择前者，尽可能降低由气隙引起的边缘磁通而带来的靠近气隙的绕组损耗。因此，这种气隙有意保持低位，以进一步减少边缘磁通。通过将气隙定位在中心架构中，外部磁心架构在结构上能更加稳定，并且能够在地震的情况下承受较大的力，如前述配件所述。为了减少靠近气隙造成的损耗，采用交错方法，如图 15.23 所示。

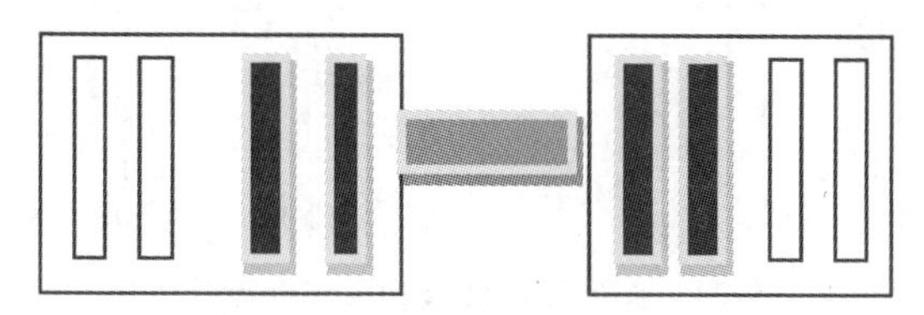

图 15.22 气隙位于中央架构的磁路设计

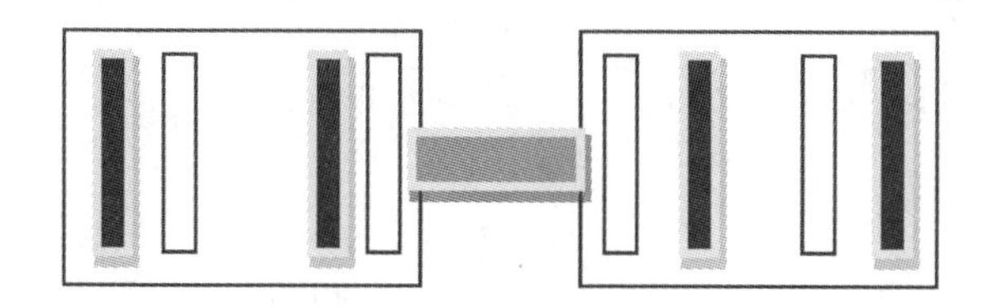

图 15.23 绕组以交错方式布置来减少边缘损耗

如下，通过使用计算磁动势（mmf）的基本原理计算绕组中的匝数。磁链由下式给出：

$$\chi = N\Phi \tag{15.20}$$

$$N\Phi = LI \tag{15.21}$$

$$B = \Phi/A \tag{15.22}$$

由上述方程式，得出每个线圈中的匝数值为

$$L = N^2\rho \tag{15.23}$$

式中，χ 是磁链；N 是匝数；Φ 是磁通量；B 是磁通密度；A 是所选路径的横截面面积；ρ 是路径的磁导率。在图 15.24 中，$\int H\mathrm{d}l$ 的整体闭环积分在其闭环中具有两个磁性介质：一个用于磁心，另一个用于气隙。

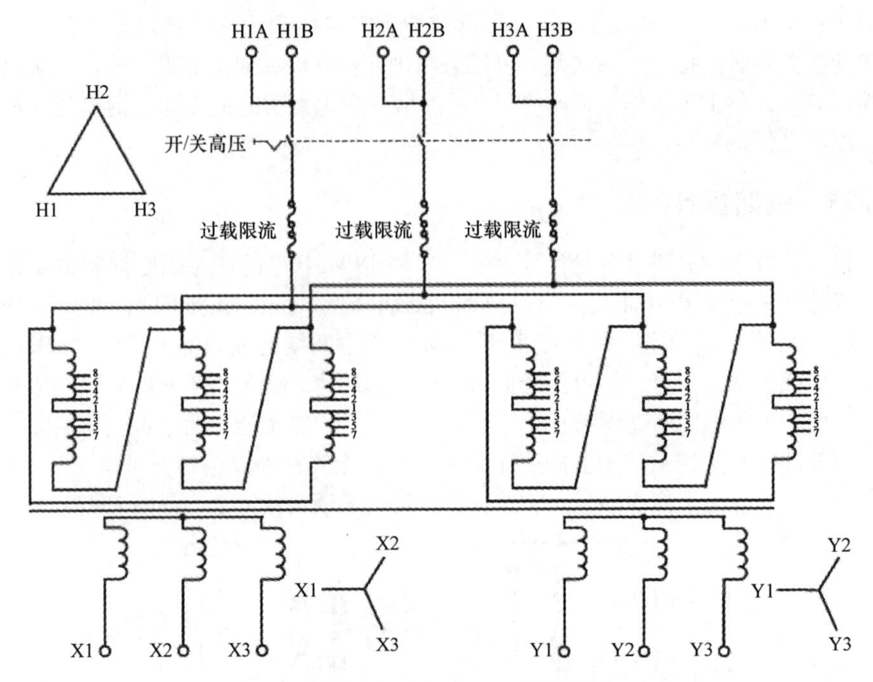

图 15.24 典型设计规范和系统性设计程序

使用标准逆变器的 1MVA 变压器的数据表

	描述	值
1	输出功率	1000kVA 额定视在功率
2	过载能力	无
3	一次电压/kV	12.47/13.8/20.6/24.9/27.6/34.5
4	一次抽头	2% ~2.5% 抽头以上和 2% ~2.5% 抽头以下额定值
5	一次额定电流/A	46.3/41.9/28.1/23.2/21/16.8
6	二次电压/V	200 Y:200 Y
7	二次电流/A	1444
8	一次 BIL/kV	95/95/125/125/150/150
9	二次 BIL/kV	30
10	矢量组	Dyly1
11	频率/Hz	60
12	阻抗电压 Z HV－（LV1＋LV2）（%）	5.0～10.0
13	阻抗电压 Z HV－LV1（%） 基准：额定功率的一半/（kVA）	4.0～6.6

（续）

	描述	值
14	阻抗电压 Z HV - LV2（%） 基准：额定功率的一半/(kVA)	4.0～6.6
15	阻抗电压 Z LV1 - LV2（%） 基准：额定功率的一半/(kVA)	>9.0
16	无负载损耗/(W，@20℃)	1100（1±10%）
17	短路损耗/(W，@85℃)	9000（1±10%）
18	分接开关	无负载，5 位分接开关
19	一次套管	Qty（6）断开，单件套管，600 A
20	一次配置	不带电环路馈电
21	二次配置	带电前置
22	负载中断开关	三相、双位负载断路开关（200 A，34.5 kV）
23	冷却等级	KNAN
24	介电液	可生物降解的液体
25	环境温度范围	20～50℃ （-40℃可根据要求提供）
26	温升	65°平均绕组上升
27	占空比	升压操作下 100% 连续工作
28	线圈材料	铝或铜
29	静电屏蔽绕组	一次绕组和二次绕组之间
30	高度	海拔 1000m
31	声级	NEMA TR1 标准
32	二次套管	Qty（6）整体铝制六孔铲形套管，以及静电屏蔽绕组的低压套管。每个 1500A 等级
33	仪表和配件 （可选）带报警触点的液位计 （可选）带触点的压力/真空计 压力释放装置，50 SCFM 带取样器的排水阀 氮气层	温度计，表盘式，带报警触点
34	过电流保护	过载和串联限流熔丝
35	避雷器	不包括
36	认证	UL 列出
37	线圈类型	四绕组

DPV - GT 的设计通常为两绕组，包括两个低压绕组和一个高压的三绕组，低压有

中心线设计的三绕组，以及包括两个低压、两个高压并具有双层结构的四绕组。

每个阻抗都需要一个参考值，一般为4% ~8%，具有2WDGS dy1、ynd1、ynyo连接的特殊干式变压器可高达18% ~20%。

15.4.26 阻抗、附件和负载

每个指定的变压器阻抗需要4% ~8%的参考值。两绕组——dy1、ynd1、ynyo的绕组连接下的特殊干式变压器阻抗可高达18% ~20%。附件和加载的规定如下：通常，对于谐波高于5%的变压器，额定负载为500kW ~1MW。变压器通常具有高效率和优化的尺寸以适应滑槽或移动平台。低压和高压绕组之间提供静电屏蔽，以防止开关工作。绕组设计取决于阻抗值，如果需要更高阻抗，则进行分离。对于太阳能光伏变压器，预期寿命通常为25年。对于典型的变压器，阻抗可能在4% ~6.6%之间，在过电压条件下约为10%，这可能会导致变压器中性点接地的严重问题。在正常电压下，空载损耗的容差为+10%，而铜损耗的最大容差为+10%。变压器上绕组分接头的额定电压通常为±10%。对于低压侧的双绕组结构，变压器将需要6个管套。所有其他要求都与传统的垫式变压器一样。

通常提供滴水盘以备漏油，提供静电屏蔽来消除高频干扰以满足C57.12.80要求。此外，在DOE、CEC、欧洲加权CEC等不同标准规定下，效率也具有不同的水平。

15.5 设计程序

1MVA、三相、50Hz、OD服务、11 -6.6kV/426V、△/Y、温升40/50℃、ONAN/OFAF的设计程序，在设计数据表中显示了高压上2.5%步长的+7.5% ~ -7.5%抽头。规定的BIL为95 ~60kV（峰值）；用于功率因数测试：(-38 ~28/1)kV（方均根值）；带有O/C开关。

15.5.1 设计流程

整个设计应首先评估对于规定的磁通密度B和变压器的给定铁心材料的铁心直径，其每匝伏特的大小。

1）计算每匝伏特的粗略估计值，使得伏特/匝/平方英寸=0.25。

2）对于最大磁通密度为1.7T的每组绕组，计算额定电压时的匝数。

3）注意识别绕组的分接头。通常，这些分别用于可变的高压或低压。在这种情况下，它适用于高压规范中的变化。

4）为每个绕组选择额定值为2.2A/mm^2，允许10%变化的导体。在配置中，对于分接头绕组或空载绕组，可以允许任何更高的值。

5）选择每个绕组的纸覆盖层，以充分满足耐压要求。在这种情况下，最大

为11kV。

6）选择适当尺寸的铁心直径，以具有正确的横截面面积，并能允许通过磁通而不引起铁心材料的饱和，其值限制在1.7T。

7）电气规格如表15.10中A部分所示。

8）如表15.10中B部分所示，填写线圈物理尺寸、杂散损耗、ECL、阻抗计算、温升和测试时间表的计算。

9）整个设计机制涉及变压器的绕组、铁心和其他电活性部件之间的适当绝缘配合，如通常被认为处于地电位的夹板、电缆和槽。必须注意了解测试变压器对BIL、工频和感应电压测试对该地电位的影响。

10）分别有11kV和6.6kV两个高压绕组。分接开关分别放置在线圈3～6上，如图15.25所示。绕组图如图15.24所示。

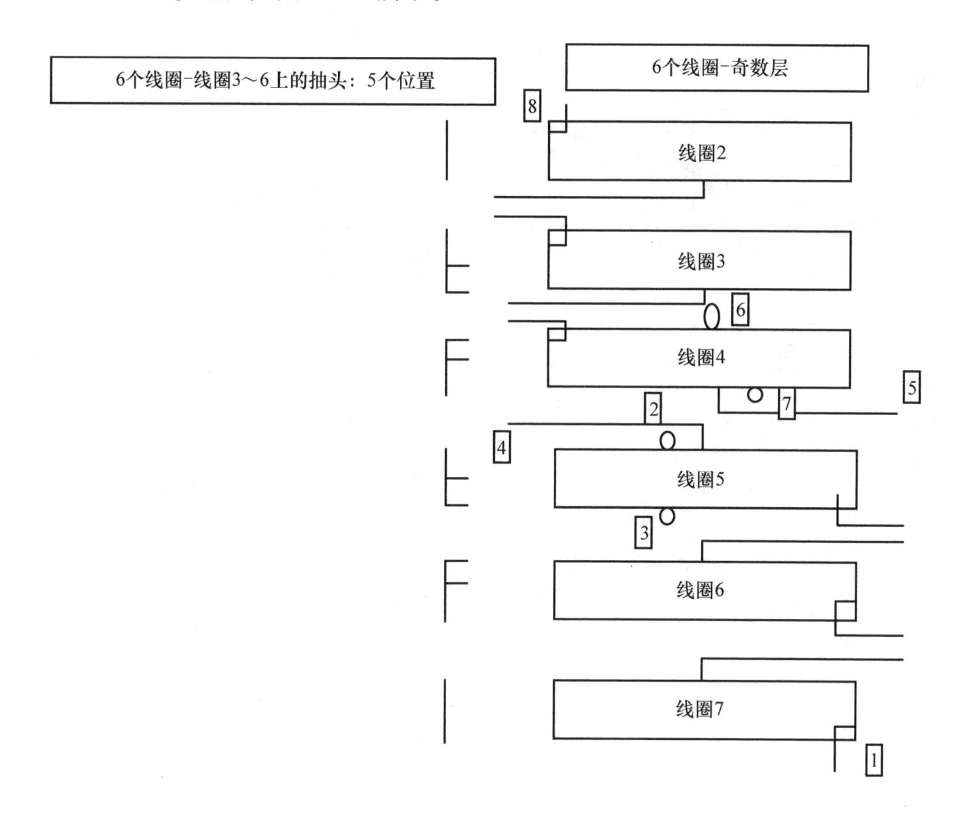

图15.25　典型的设计规范和系统性设计程序，在线圈3～6上设置分接头

其他方面的计算及设计方法如前面所示。

表 15.10　设计数据

A 部分											
IRON Ckt	等级 M4	线圈数	净面积	B	1.7022T	重量	W/lb	损耗		VA/lb	kVA
铁心	直径	中心	窗口	芯柱	333.7	高度	芯柱 33.7	×2.0	×1.0	×0.85	W
径向	直径	外径	窗口	芯柱	339.9	高度	轭 339.9				W
壳	空白	开口	边缘	长度			总重量 942				
尺寸	217						SF 0.97	V/T 12.61		总损耗	1601.4 W
绕组 缠绕芯柱数	线圈 H 或 L		872（±66）/ 523（±33）								
低压	线圈数 1×3	匝	高压抽头 电流	高压	线圈数	匝	电流	选择低压	408	高压	13.6/8.3
线圈编号 1		19	1391	2－7	6×3	872/523	30.3/50.5	Den	3.41		2.22/3.65
匝/线圈		2 层				2、7/3、4、5、 6－6 个线圈		M. T. Ins.	258.2π		1.258π
层数		19				87－4/191－7T		长度	48.6m		564/2477
匝/层		10/9				7/9		m	92/94		68/71－183/189
层间绝缘		Rad＝26.2				13/22		Wt. kg			
导体		3/16″			RAD＝						
		垫片			37.34/ 38.74						
		2×12 +2×11			0.164″/0.128″						
		pc 0.4 47.6×10.2			0.178/0.140 pc14/pc12						

							Res. 75℃	0.002515		0.875/5.78 - 6.295
							I^2R75℃ W/lb 75℃	4870W		6.06kW@11kV/ 5.92kW@66kV
前										
			罐	875	Transf	1570	Res75℃			0.0486/0.1215
			散热器	325	罐	1260	I^2R75℃			2.325kW
			OLTC	3500	散热器	30	W/lb 75℃			
			填充	40	油 OC	860	W/in^2			
前	3mm Cyl	217/232 +1.5		Cons/Cabl 箱	40					
罐	-1250×500		1400-H	油 总 1010	重量	性能	Fe Cu	总	%Z：4.97%	
注释：	矩形 11kVA Δ				3850	1.6/14	1.6/11.7 kW	瓜尔胶 1.605/ 11.7kW	瓜尔胶 5%	
HV Vol	6.6kV Δ MVA	相	周期	服务	冷却			铁心 直径/W/ H-Win	框架	
11-6.6kV-Δ	1	3	50	OD	ONAN/ OFAF				217/565/ 400mm	
LV Vol	MVA	3	50	OD	ONAN/ OFAF				屏蔽	
415Y	37.5/50								无	
客户	ABC 公司			序列号	06242013		设计师		电气规格	
							HMS		062113	

（续）

B 部分	
半径（mm）	轴向尺寸和端部距离
前 217	60 × 2 = 120
Sp/Wrap Rad 7.5 ~ 232	80 × 4 = 320
232	440
LV 26.2 258.2π	56
284.4	= 496
LV/HV 10.4 – 294.8π	+ 69
305.2	2210.0
HV 38.74 – 343.9π	端部间隙 69
382.68	总 565（mm）
17.32	
400	
杂散损耗	高压/低压电抗@正常分接头
如第 14 章所示计算的 4000W	

35	56.4			
21.4	10.4			
		56.4	20	
18.8	68.8			
10.4	22.93			
2	496			
31.2	518.93			LV

HV

518.93

$\% X = (1000 \times 31.2 \times 294.8 \times \pi x)/(3 \times 2.54 \times 518.9312.61^2)$

$= 4.59\% + 5\%$ tol $= 4.83\%$

设计数据		
涡流损耗		温度上升
如第 14 章所示计算的 600W	40/50℃	
低压侧的间隙		测试时间表

注：这些是变压器行业内的国际标准缩写。

参考文献

1. Shertukde, Hemchandra M., Transformer theory and design, class notes for ECE 671 at University of Hartford, Connecticut, 1992 to present, Copyright © Hemchandra Shertukde.
2. Shertukde, Hemchandra M., *Transformer: Theory, design and practice with practical applications*, VDM. Verlag. Dr. Müller, August 8, 2010, Germany.

第 15 章的练习

1. 15/20MVA 220kV（±10% 变化）/ 33kV，Y/Y 充油式三相变压器有以下具体参数：

低压绕组：

a. 内径：611mm

b. 平均直径：649mm

c. 外径：687mm

d. 轴向长度：1400 mm

e. 每匝伏数：82. 12

低压绕组与抽头之间的径向间隙：25 mm

分接头绕组：

a. 内径：737mm

b. 平均直径：750mm

c. 外径：763mm

d. 轴向长度：1400mm

e. 每匝伏数：82. 12

高压绕组与抽头之间的径向间隙：80mm

高压绕组：

a. 内径：923mm

b. 平均直径：991mm

c. 外径：1059mm

d. 轴向长度：1400mm（每张圆盘有 98 张，每张 16 转）

e. 每匝伏数：82. 12

A. 在正常抽头（即在高压绕组的 100% 额定电压）下绘制变压器绕组的磁动势图。

B. 计算变压器在正常抽头（即在高压绕组的 100% 额定电压）下的电抗百分比。

2. 需要完成以下内容：

a. 计算问题 1 中变压器的高压绕组的一根导体上的向外的力，以 lb/in 为单位。

b. 如果由于机械没对准而导致问题 1 中的高压和低压绕组的轴向长度不匹配大约为 200mm，则计算线圈两侧的轴向力。

3. 问题 1 中的变压器与普通的连续双圆盘相比，必须采用交错绕组设计。

a. 绘制具有交错和双盘配置的高压圆盘部分的绕组图。

b. 用交错和 CDD 配置绘制高压绕组上的电压分布（即两个 α 的电压对绕组长度）。

c. 通过使用交错配置，α 的改进是什么？给出数值答案。

第 16 章

分布式光伏电网变压器的特殊测试考虑

每个 DPV - GT 的生产过程都要经过某种形式的工厂测试。对于 DPV - GT，这些测试相当繁多，并且会有一定比例的测试失败。通常，约 5% 的变压器将至少有一项测试失败。许多行业标准和规范中详细说明了测试要求。

行业标准在测试方面存在一些重叠现象。近年来，ANSI/IEEE 标准 C57. 12. 90 被其他标准所采用，用于测试浸液式配电、功率和调压变压器。对于 DPV - GT，ANSI/IEEE 标准 C57. 12. 90 给一些更重要的标准工厂测试列出了清单。

这些变压器对型式测试尤其是与局部放电（PD）相关的测试有特殊要求，而且这些要求非常严格。一般来说，IEEE 标准要求在 100% 电压下 PD 电平为 100μV，PD 电平随着电压等级的提高而变化。DPV 变压器要求的电平如下：在 110% 电压等级时的电平为 125μV，在 125% 电压等级时的电平为 135μV。如下所述，上述这些电压等级都被应用在变压器的感应电压测试中。

- 介电测试。
- 开关冲击测试。
- 雷电冲击测试。
- 使用声学方法进行 PD 测试：该测试按照 C. 57. 127 “使用充液式变压器声学方法的用户指南” 的指导原则进行。此外，这种 PD 检测和定位方法已经扩展到干式 DPV - GT。

客户规定的 PD 电平低于 IEEE 或 IEC 标准规定的电平。由诊断设备公司（Diagnostic Devices Inc.）推出的全新改进方法已被证明是非常成功的，特别是对于干式 DPV - GT 来说，这种方法首次应用成功。

使用声学传感器的四通道 PD 装置用于检测干式 1000kVA DPV - GT 的 PD 电平。当变压器在工厂已进行感应电压测试时，测试就算完成。图 16. 1 所示为目前市场上使用的装置。图 16. 2 所示为安装用于 PD 检测和最终位置分析的声学传感器收集的干式 DPV - GT 数据。PD 电平非常低，因为这些变压器也用于通信网络。该电平低于 IEEE 标准的规定。在这种特殊的 DPV - GT 案例中，客户要求的 PD 低至 50pC。图 16. 3 所示为在感应电压试验下的干式变压器同时采用声学方法进行 PD 测试。

其他测试包括以下内容：

图 16.1　四通道 PD 诊断装置（由诊断设备有限公司提供）

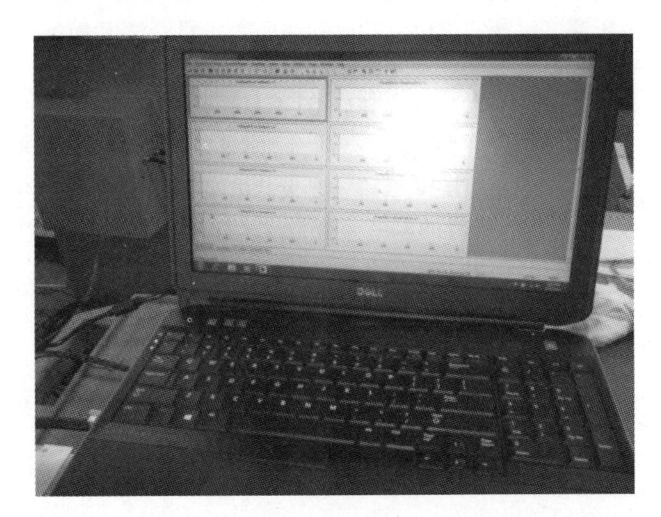

图 16.2　四通道 PD 诊断装置的数据屏幕（由诊断设备有限公司提供）

绝缘功率因数；
绝缘电阻测试；
噪声测量；
热运行或温升测试；
短路测试；
最大连续额定工作测试；
过电流测试；
直流母线过电压测试；

图 16.3　使用四通道 PD 诊断装置测试的 1600kVA 干式 DPV - GT
（由诊断设备有限公司提供）

防孤岛效应测试（详见第 6 章）；
过/欠电压/频率测试；
接地故障测试；
电压和电流谐波测试；
功率限制测试；
变比检测；
空载损耗；
负载损耗和阻抗电压（表 16.1 和表 16.2）。

表 16.1　标准 kVA 的典型保证值：空载/负载/%Z

额定值/(kVA)	空载损耗/W	负载损耗/W	%Z
150	550	3050	4.75
250	700	4350	4.75
315	780	5700	4.75
400	890	6600	4.75
500	1080	7800	4.75
630	1500	8900	4.75
750	1390	10100	5.0
1000	1600	13300	5.0

表 16.2 低压额定值 700V 及以上的阻抗电压

阻抗电压额定值（低压<700V）	阻抗		
75	1.10～5.75		
112.5～300	1.40～5.75		
500	1.70～5.75		
750～3750	额定 5.75		
低压>700V	≤150kV BIL	200kV BIL	250kV BIL
1000～5000	5.75	7.00	7.50
7500～10 000	6.50	7.00	7.50

1）绝缘功率因数：该测试验证了真空处理已将绝缘系统彻底干燥至所需极限。通常，在实践中，角正切测试用于该评估。

2）比率、极性和相位关系：该测试确保正确的绕组比和抽头电压；它不仅检查高压、抽头和低压电路的绝缘，还检查整个系统的绝缘，以验证所有的对地间隙。

3）阻抗：该测试验证了内部高压和低压连接的完整性。它还能够提供损耗修正计算的数据。能够得到保证损耗，并且在实践中，超过保证损耗的将根据相关合同的准则予以处罚。

4）外加电压测试：适用于高压和低压绕组，它测试的是整个绝缘系统，以验证所有对地间隙。

5）感应电压测试：一般来说，该测试在正常电压的 3.46 倍再加上 1000V 下进行，它用于简化中性线设计。

6）损耗测试：进行这些验证测试的目的是，确保满足测试的损耗值在设计允许公差范围内。测试包括空载损耗、励磁电流以及阻抗电压和负载损耗。保证损耗通常在±5%。

7）泄漏测试：将容器加压至 7psig[⊖]可确保完全密封，无焊缝或垫片泄漏，以消除水分渗透或液体氧化的可能性。

8）设计性能测试：包括如下内容：

① 温升：自动热运行设备可确保任何设计变化都符合 ANSI/IEEE 温升标准。

② 可听声级：确保符合 NEMA 要求（表 16.3）。

表 16.3 充油/干式 DPV－GT 的可听级别

平均声音级别/dB	350kV 及以下 BIL/(kVA)（充油冷却）	350kV 及以下 BIL/(kVA)（干式通风）	350kV 及以下 BIL/(kVA)（干式密封）
57/62/61	700	700	700
58/64/63	1000	1000	1000
60/65/64	1500	1500	1500

⊖ 1psig＝6894.76Pa，后同。

9）雷电冲击或基本脉冲电平（BIL）测试：为了确保卓越的介电性能，该测试包括一个约化波、两个斩波和一个全波，精确模拟最恶劣的条件（表 16.4）。

表 16.4　三相变压器额定值

（单一变比） 一次电压	BIL/kV	二次电压	BIL/kV
2400△	60	208 Y/120	所有 30kV
4160△	60	480 Y/277	
4800△	60	575 Y/332	
7200△	75	600 Y/347	
12000△	95	690 Y/398	
12470△	95	240△	
13200△	95	480△	
13800△	95	240△（具有 120 中心抽头）	
14400△	95	480△（具有 240 中心抽头）	
16430△	125	电压超过 700V	
34500△	150		
43800△	250		
4160Grd Y/2400	60		
8320Grd Y/4800	60		
12470Grd Y/7200	95		
13200Grd Y/7620	95		
13800Grd Y/7970	95		
22860Grd Y/13200	125		
23900Grd Y/1380	125		
24940Grd Y/14400	125		
34500Grd Y/19992	150		
43800Grd Y/25300	250		

注：对于完整的连接器额定值，请参见 ANSI/IEEE 386。变压器适用于列出的具有相对地或相间高压额定值的连接器。多个连接上的避雷器协调可能需要比指定值更高的 BIL 值，以达到 20% 的最低保护等级。

第 17 章

分布式光伏电网变压器的安全保护和配送

分布式光伏电网变压器（DPV - GT）用于组合式发电站、变电站和接地变压器等场景。因此，这些变压器要求为公共场所的安全提供所有安全措施。

孤岛现象是当光伏发电机和其提供的相应负载的发电源与主电网隔离的情况。这种DPV 并网通常在低压配电侧，但是最近在 DPV 系统升压应用中可能会涉及更高的电压。这些通常是不实用的发电系统，无法控制设备运行。因此，孤岛情况可以影响这种 DPV - GT 的运行，因为一些孤岛测量系统取决于电压、频率变化和由于诸如逆变器之类的固有系统而存在的谐波，这些逆变器能够在光伏发电系统中实现 DC - AC 变换。当不涉及中型或大型电力变压器并且在当地的光伏电网系统中存在局部变压器时，可能会出现这样的孤岛化情况。

孤岛化对于设备工人来说可能是极其危险的，他们可能没有意识到电路仍然通电，并且孤岛化可能会阻止设备的自动重新连接。因此，后者避免对这种局部分布式发电系统的设备运行进行控制。因此，分布式发电机必须检测孤岛并立即停止发电；这被称为反孤岛。虽然仍然连接到 DPV - GT，但终端用户也可能受到威胁，在进行正常操作如 DPV - GT 连接或断开并网或并网失调时会出现严重后果。因此，电网和光伏端的通信变得非常重要，反之亦然。最近出现的网络犯罪也使得这些要求和网络安全联系更为紧密。所有制造商都在致力于为 DPV - GT 应用的产品提供强化措施。

17.1 安全监测和控制的孤岛检测方法

一些常用的开发并用于立即停止发电或防孤岛的孤岛检测和测量系统分为两类：

1. 被动方法

a. 欠电压/过电压；

b. 欠频/过频；

c. 电压相位跃变检测；

d. 谐波检测。

2. 主动方法

a. 阻抗测量；

b. 特定频率下的阻抗测量；
c. 滑模频移；
d. 频率偏差；
e. 基于效用的方法；
f. 手动断开连接；
g. 自动断开连接；
h. 转移跳闸法；
i. 阻抗插入；
j. SCADA。

17.2　安全、保护和监测

逆变器持续监控着并网状况，并且在电网故障的情况下，它将在几秒钟内自动切换到离网供电。然后在电网恢复后的几分钟内，将光伏发电系统与电网重新同步。SPV 系统必须按照相关标准良好接地。我们必须在变压器的直流和交流侧使用金属氧化物压敏电阻，来提供过电压保护。

除了电源断开连接、欠电压和过电压以及断开开关的情况之外，光伏发电系统还必须在变压器的直流和交流侧配备额定的熔丝。每个太阳电池阵列模块中也必须配备额定的熔丝，以防止短路。逆变器的自动断路系统可能会失效，并在电网故障期间继续向电网供电。为了避免在这种情况下出现的事故，除了自动断路系统开关外，我们还必须配备一个手动断开开关。它在规定的停机期间必须锁定。其必须提供的保护有：

- 避免电池过度充电；
- 避免电池过度放电；
- 电池过载保护；
- 接地故障保护系统；
- 合适的接地装置。

17.2.1　分布式光伏电网变压器的特定控制和相关保护

有许多与 DPV - GT 操作相关的次要的控制，特别是与逆变器相关的控制，如自动唤醒。一般来说，当可用功率大于可用的逆变器系统总损耗时，连接在单线回路中的 DPV - GT 应能够被唤醒。如果自动唤醒过早，并且在实际唤醒之前，导致从电网中流出负的电能，这将阻碍光伏发电机的能量产生。同样，唤醒延迟将会使能量产生并带来不利后果。由于可用功率取决于天气条件，唤醒算法本质上应该是自适应的，并且唤醒操作可以根据当时可用的日照量进行调整。

17.2.2　最大功率点跟踪（MPPT）

应该注意的是，图 12.15 中的电流电压（*IV*）特性，图中右侧的功率轴，它可以影

响功率随着 *IV* 特性的变化而变化。*IV* 特性图中的切线表示在 DPV－GT 中所示的光伏发电系统产生的功率。该曲线随着日照水平的变化而变化。MPPT 必须有足够快的反应以增加能量提取，但不能太快以致不稳定。可以看出，这些曲线与感应电动机的转矩－转差率特性相似。有稳定和不稳定的运行区域。应避免沿曲线左侧跟踪。同时，当跟踪值较小时，MPPT 必须考虑到与 DPV－GT 相关的电网电压。当发生低电压穿越时，这是至关重要的。

17.2.3 直流母线过电压保护

在温度低于零的极冷条件下，电网和光伏发电系统可能并网失败并导致直流过电压。例如对于 600V 的系统，如果直流母线电压超过指定的最大电压，则必须关闭逆变器，并且太阳电池阵列将与直流母线断开，以保护辅助设备如电容器、断路器，并在额定电压下进行导线绝缘。

17.2.4 直流母线过电流保护

由于较低的直流母线电压加上较高的交流电网电压，这可能会加剧直流母线的过电流。直流母线电路中的硬件故障或短路可能立即导致母线过电流。有时突然的浪涌电流会流至连接到正在产生电压的光伏阵列的直流母线电容。在这种情况下，增加的浪涌电流可能会损坏 DPV－GT 和逆变器，所以 DPV－GT 需要断开和隔离。

17.2.5 反向直流母线保护

有时逆变器可能与直流侧反极性连接。控制和保护系统应能识别这种情况，并产生警告或进入睡眠模式。如果不能避免这种情况，可能会损坏电容器并导致如上所述的过电流。

17.2.6 接地故障保护

如果光伏电池通过机箱外壳接地，则会导致接地故障。所产生的接地故障电流通过地面流到负极端子，然后通过光伏电池流向正极端子。这将由负极端子上的电流传感器检测后导致逆变器关闭，从而将其与电网和 DPV－GT 断开连接。这种接地故障电流在影响 DPV－GT 的工作之前应该被检测出来。

上述情况将影响电网和 DPV－GT 安全，产生可能的孤岛化、单相开路状态、交流过电压、交流欠电压、过频、欠频、交流过电流状态和短路状况，反过来又会影响 DPV－GT 的稳定运行。常规的方法是使用传统的变压器来隔离和解决这些问题。类似的保护方案也可以应用于 DPV－GT。

17.3 潜在运行和管理（O&M）问题

太阳能发电站中可能发生的 16 个潜在故障或损坏，以及如果不及时解决会影响运行的问题如下：

1）周边围栏损坏：对周边围栏造成的损坏会立即对设施工作造成负面影响。无论损坏是由于人为、暴风雨还是牲畜造成的，这都需要立即引起注意。由于系统产生的电压过高的问题，人们不仅会受伤，而且如果入侵者意图摧毁或窃取物品而进入该区域，昂贵的设备也将面临风险。定期检查和快速响应对所有太阳能发电站都至关重要。

2）地面侵蚀：地面侵蚀是一种自然界中自然发生的过程，土壤和地表侵蚀是由水和风引起的。它是以一定的周期率逐渐发生的，但突然的侵蚀会对光伏电站产生有害的影响。表土的流失会导致地面的重塑，以及地球上的河道、孔洞和斜坡的形成。这可能影响太阳电池板产生能量的能力。它也可能导致设备的破坏。适当而密切的现场监控能够警示资产管理人员规避任何可能导致操作风险的突发情况。

3）变压器渗漏：日常维护表明变压器每年处于良好的状态有助于避免变压器渗漏。变压器渗漏可能导致土地污染等安全隐患。发现泄漏是否存在，并制定出维修或更换计划是最大限度地保持能源发电的关键。有多种方式对变压器进行预防性维护；然而，监控变压器油温、压力和防止变压器泄漏的等级是避免停机问题的最佳方式。为了防止出现致命的错误，设置了参数的范围，并在问题扩大之前自动发出警报以进行现场检查。

4）各种逆变器损坏：逆变器是并网发电系统的核心部件，它将光伏电池板的低电压和大电流信号转换为与电网设备兼容的电压。对逆变器的监控是非常重要的，因为逆变器电压和频率的变化可能会影响其性能以及危害附近操作人员的安全。逆变器损坏可能导致光伏电站完全故障或部分线路中断。大约 80% 的光伏发电系统停机都是由逆变器故障造成的。对于任何逆变器的损坏，必须快速响应。

5）导管断裂：断裂的导管有造成操作系统的冲击和混乱的危险，因为其没有电通过。当场地建造完成并且太阳能发电站投入运行时，地表运动可能会在地面稳定时发生。这些运动可能导致管道破裂等问题。测量电缆隔离可确保地下运行无损坏。这很重要，因为断裂的导管会引起电缆破裂或损坏绝缘层，从而导致火灾和人身伤害。

6）汇流箱损坏：汇流箱起到简化接线的功能，将多个太阳电池板串的输入组合成一个输出电路。我们通常将 4 ~ 12 条线路连接到汇流箱。如果汇流箱损坏，它们会带来安全风险并导致生产率大幅下降。

7）植被过度生长：植被可以很快从良性滋扰转变为主要问题。除了吸引那些使自己物种破坏的动物之外，植被也可以遮蔽光伏单元、干扰布线，并影响结构完整性。

8）单元褐变/褪色：除了提供能量之外，紫外线辐射还会导致光伏电池老化，被视为褐变和变色。薄膜的这种降解导致产量和生产率受损。

9）面板阴影：设计光伏电站时，清除树木和其他障碍物至关重要。光伏电池电量输出对阴影非常敏感。如果有阴影，组件不会增加面板产生的能量，而是吸收它。与发光部分的正向电压相比，阴影部分的组件具有更大的反向电压。它可以吸收阵列中许多单元的功率，造成输出大幅下降。清除任何造成阴影的树木或结构将有助于优化输出功率。

10）短路电池：如果没有及时处理，短路电池会影响生产力。在将光伏电池放入太阳电池板组件之前，半导体材料的生产缺陷通常不会被发现。通过红外成像测试来识别这些缺陷的方法已经使用了十多年。我们用这种高效的、经济的测试和测量方法来表征电池的性能和电子结构，有助于确保能源生产最大化。

11）自然灾害：冰雹或飓风可能会对太阳能发电站造成严重破坏。损坏的面板或被风吹损的架子等设备可能会严重降低产量或使系统完全失效。在恶劣天气下保持工作并在风暴后检查设备是必要的，它能确保太阳能发电站的整体安全。

12）故意的人为破坏：破坏者对任一光伏设施构成重大威胁。无论是偷窃还是破坏电线、电池板或其他设备，都可能会导致系统损坏。北卡罗来纳州的一个太阳能发电阵列的损坏是因为附近有人将太阳电池板当成高尔夫球的第 18 洞。通过使用太阳能监控设备来检测这种损害可以最大限度地减少停电和损失。

13）缺陷跟踪器：这是一种在清晨和午后时效果明显提升的特殊工具，跟踪器可以将单轴跟踪器的总功率提高 20% ~25%，双轴跟踪器可提高约 30% 或更多。缺陷跟踪器会显著降低输出性能，并应在检测到后立即进行维修。

14）架子侵蚀：结构腐蚀可能是光伏设施的噩梦。一旦结构完整性降低，就有可能发生风险，设施内水流和风流升高，这会严重影响设施的运行。由于架子的移动，面板从最佳位置移开并影响能量的产生。

15）不洁面板：灰尘、雪花、花粉、叶片甚至鸟粪都可以吸收面板表面的阳光，减少到达光伏电池的光线。清洁的表面会在设备的使用寿命内增加输出性能。日常清洁应该是所有设备运行和维护计划的一部分。

16）动物滋扰：无论动物是否在围栏下挖洞，跳过它或是直接穿过它，动物都需要被挡在太阳能发电站之外。一旦动物进入发电站周边，它们似乎总是有方法找到电线来咀嚼，并且在不知不觉中破坏设备。

17.4 太阳能发电接线设计

本节介绍了太阳能电力布线的设计，旨在使工程师和系统集成商了解一些较为重要的，与太阳能发电项目相关的人员安全和危害的问题。

直到十年前，住宅和商业用的太阳能发电系统由于缺乏技术成熟度并且生产成本较高的缘故，没有足够的电力输出效率来证明太阳能发电系统是有意义的投资。最近由于太阳电池的研究和制造技术的重大进步，使太阳能发电装置成为住宅和商业项目中电力热电联产的可行手段。由于美国、欧洲和大多数工业化国家提供太阳能退税计划，太阳能行业在过去十年中蓬勃发展并扩大了其生产能力，目前正在提供效率更高且成本效益更高的产品。

鉴于不断升高的化石燃料为主的能源成本和全球可持续能源回馈计划的可实施性，太阳能由于其固有的可靠性和寿命方面的优势，已经成为在商业和工业设施中最可行的热电联产投资之一的重要竞争者。

鉴于该技术的新颖性和新产品的不断涌现，美国国家建筑和安全组织制定了安装和应用指南，如建立国家电气规范（NEC）指南的美国国家消防协会，但它还未能够跟进一些与危害和安全预防有关的重大问题。

一般而言，小型太阳能发电系统布线工程，例如由经过安全安装程序培训，并得到许可的电工和承包商建造的住宅设施就不在主要的考虑范围之内。然而，光伏阵列能产生的数百伏太阳能直流电源的大型装置需要特殊的设计和安装措施。

17.5　太阳能发电系统接线

设计不当的太阳能发电系统除了会引起火灾之外，还可能导致非常严重的灼伤，并且在某些情况下会导致致命的伤害。此外，设计不当的太阳能发电系统会导致电力生产效率显著下降，并最大限度地减少投资回报。

与设计和安装不当有关的一些重要问题包括尺寸选择不合适和导体选择不当、不安全的接线方式、过电流保护不当、断路器的未分级选择或低估电流等级而不当选择、开关断开、系统接地以及许多与安全和维护相关的其他问题。

目前，NEC 总体上涵盖光伏发电系统的各个方面；然而，它不包括特殊的应用和安全问题。例如，在太阳能发电系统中，额定 24V 和 500Ah 的深循环备用电池如果发生短路，可以释放数千安培的电流。在这种情况下产生的巨大能量，很容易造成严重的灼伤和致命的伤害。不幸的是，大多数熟悉 NEC 的安装人员、承包商、电工甚至检查人员通常都不具备足够的直流电力系统安装方面的经验和专业知识，因此很少能满足 NEC 的要求。

造成安全问题的另一个重要方面与所使用的材料和组件相关，这些材料和组件很少被用于直流装置。安装 10kW · h 以上（非包装系统）太阳能发电系统的电气工程师和太阳能发电设计师，我们建议去阅读 2005 年 NEC 第 690 节和桑迪亚国家实验室发布的太阳能发电推荐设计和安装实践报告。

为了避免该设计和安装问题的争议性，系统工程师必须确保所有使用的材料和设备都得到美国保险商实验室的批准。所有组件，如过电流装置、熔丝和断路开关均为直流额定值。安装完成后，设计工程师应和审查员分别验证相应的安全标签是否永久安装并连接到所有断开装置、收集器盒和接线盒上，并验证系统接线和导管安装是否符合 NEC 要求。通常在美国和加拿大认证材料和测试设备的机构是美国保险商实验室（UL）、加拿大标准协会（CSA）和美国测试实验室（ETL），它们都是在整个北美洲大陆提供设备认证的注册商标。需要注意的是，除了船舶和铁路安装，NEC 涵盖了所有太阳能发电装置，包括独立式、并网式和效用交互式热电联产系统。通常，NEC 涵盖所有电气系统接线和安装，并且在某些情况下具有重叠且冲突的指令，这些指令可能不适用于太阳能发电系统，在这种情况下，我们优先考虑标准的第 690 条。

一般而言，太阳能电力布线被认为是整个系统工程工作中最重要的方面之一，因此，它应该被充分调查理解并加以应用。如前所述，尺寸过小或者材料选择不当不仅会降低系统的性能和效率，还会给维护人员带来严重的安全隐患。

以这种接线设计为例。假设来自光伏阵列的短路电流 I_{sc} 为 40A。计算如下：

1）光伏阵列电流降额 = 40A × 1.25 = 50A。

2）75℃过电流熔丝额定值 = 50A × 1.25 = 62.5A。

3）75℃时电缆降额 = 50A × 1.25 = 62.5A。

使用 NEC 表 310 – 16，在 75℃色谱柱下，我们找到额定容量为 65A 的 AWG#6 电缆。由于紫外线（UV）曝光，应选择 75A 容量的 XHHW – 2 或 USE – 2 型电缆。顺便指出，“2”用于表示紫外线曝光保护。如果装有电缆的导线管中填充了 4 ~ 6 根导线，则建议如前所述，参照 NEC 表 310 – 15(B)(2)(a)，导体进一步降额 80%。在 40 ~ 45℃的环境温度下，还应采用 0.87 的降额系数：75A × 0.8 × 0.87 = 52.2A。因为选择安培容量为 60A 的 AWG#6 导线满足需求，所以该选择合适。

4）按照相同的标准，如 NEC 表 240.6 所示，最接近的过电流装置为 60A；然而，由于在步骤 2）中所需的过电流装置为 62.5A，AWG#6 电缆不能满足额定要求。因此，必须使用 AWG#4 导线。在表 310 – 16 的 75℃那一列选择的 AWG#4 导线显示载流量为 95A。

如果我们选择 AWG#4 导体并施加管道填充和温度降额，则得到的载流量为 95A × 0.8 × 0.87 = 66A；因此，NEC 表 240 – 6 所需的熔丝将为 70 A。适用于太阳曝光的导体列为 THW – 2、USE – 2 和 THWN – 2 或 XHHW – 2。所有室外安装的导管和导线都被认为是在潮湿和紫外线暴露的条件下工作。因此，导管应能够承受这些环境条件，并且要求是厚壁型，例如刚性镀锌钢（RGS）、中间金属导管（IMC）、薄壁电金属（EMT）或管表号 40 或 80 聚氯乙烯（PVC）非金属导管。

对于电缆不受物理损坏的内部布线，必须使用特殊的 NEC 代码认可电线。必须注意避免在室内位置（如在环境温度超过电缆额定值的阁楼）安装低于线路额定值的电缆。携带直流电的导体需要使用 NEC 第 690 条规定的颜色编码建议。红色导线或绿色和白色以外的任何颜色用于导体正极，白色用于导体负极，绿色用于设备接地，裸铜线用于接地。NEC 允许非白色接地线。

17.6 太阳能发电系统设计注意事项

通常，尺寸为#6 或以上的 USE – 2 和 UF – 2 等布线应用白色胶带或标记识别。如第 12 章所述，所有光伏阵列框架、收集器面板、断路开关、逆变器和金属外壳应连接在一起，并在单接地点接地。

17.7 分布式光伏电网变压器的运输和调度注意事项

如果 DPV – GT 容量小于 500kVA，通常使用托盘化分装；如果大于 500kVA 并高达

10MVA，则应用叉车或体积合适的卡车来运送。后者通常用于 CSP 类型的替代能量系统。

DPV - GT 主要是使用适当尺寸的货盘来分装。有时像加州 dba Onyx Power 配电公司这样的制造商会根据运输地点和/或客户偏好使用完全封闭的木箱。适用于太阳能（逆变器型）变压器的这些 DPV - GT 也用塑料包装密封，以避免灰尘/湿气的侵蚀，并使用钢带安全地固定在托盘/箱底上。变压器安装在木板上用于临时装运，然后将其固定在托盘上，再用螺栓固定，并进一步封闭在木箱中[2]。最近制造的适用于太阳能（逆变器型）装置的干式 DPV - GT 的照片如图 17.1 所示。

图 17.1 和图 17.2 所示为一个尺寸较小的变压器，在基座上设有基本的木制安装座，变压器可以很容易地安装在该底座上，然后在带有附加固定带的平板卡车上运送，以使其安全运输。

图 17.1　用于太阳能（逆变器型）装置的 DPV - GT 的正视图，具有复杂的二次绕组引线连接，采用三角形/星形配置（由 dba Onyx Power 配电公司提供）

图 17.3 和图 17.4 是太阳能变压器的正视和侧视图，这些变压器在经过认证并通过最终用户指定的所有测试之后即可发货。如图 17.3 和图 17.4 所示，变压器铺设在托盘底，然后由木制钟形盖覆盖，以便在叉车上进行最后的运输。

图 17.2　用于太阳能（逆变器型）装置的 DPV－GT 的侧视图，具有复杂的二次绕组引线连接，采用三角形/星形配置，（由 dba Onyx Power 配电公司提供）

图 17.3　用于太阳能装置的 DPV－GT 的正视图。请注意三角形/星形中性接地配置的简单二次绕组配置（由 dba Onyx Power 配电公司提供）

图 17. 4　用于太阳能装置的 DPV - GT 的侧视图。请注意三角形/星形中性接地配置的简单二次绕组配置（由 dba Onyx Power 配电公司提供）

参考文献

1. NEC Table 240-6.
2. Standard operating instructions, Power Distribution, Inc., dba Onyx Power, 2013.

附　　录

附录 A　用于三柱铁心设计的 MATLAB 程序[16]

```
%该程序计算3MVA、三相、436V/11kV Y-Y变压器的铁心部分
从使用microstation获得的excel文件中读取轭数据值(类似于autocad的程序)
a = xlsread('99-yoke (bottom half)with ducts.xlsx');%reads data from
   an xls file
xyoke = a(:,1);%将第一列分配给x
yyoke = a(:,2);%将第二列分配给y
for i = 0:26
   d = 2+(4*i);
   b = 1+(4*i);
   c = 3+(4*i);
   l = xyoke(d)-xyoke(b);
   h = yyoke(c)-yyoke(d);
   Lengthyoke(i+1) = l;%存储横截面的轭长度
   Widthyoke(i+1) = h;%存储横截面的轭宽度
end

Lengthyoke;
Widthyoke;

%从使用microstation获得的excel文件中读取支架数据值(类似于autocad的程序)
aa = xlsread('99-limb (bottom half)with ducts.xlsx');
%从xls文件中读取数据
xleg = aa(:,1);%将第一列分配给x
yleg = aa(:,2);%将第二列分配给y
for j = 0:26
   e = 2+(4*j);
   f = 1+(4*j);
   g = 3+(4*j);
   ll = xleg(e)-xleg(f);
   hh = yleg(g)-yleg(e);
   Lengthleg(j+1) = ll;%存储横截面的支架长度
   Widthleg(j+1) = hh;%存储横截面的支架宽度
end

Lengthleg;
Widthleg;
```

```
%主支架计算
legcentertopleftaandb = 1700;%a和b部分
legcentertopleftcdef = sqrt(Lengthlegyoke(j+1)^2+(0.5*Lengthleg(j+1)^2));
  %c、d、e和f部分
legcentertopleftangleb = 90+atan(Lengthlegyoke(j+1)
  /(0.5*Lengthleg(j+1)))*180/pi;%b角
legcentertopleftanglea = atan(0.5*Lengthleg(j+1)
  /(Lengthlegyoke(j+1)))*180/pi;%a角
legcenteraandb(j+1) = legcentertopleftaandb;%计算中心支架的长度a和b
legcentercdef(j+1) = legcentertopleftcdef;%计算中心支架的长度a、b、c和d
legcenterangleb(j+1) = legcentertopleftangleb;%计算中心支架的切角b
legcenteranglea(j+1) = legcentertopleftanglea;%计算中心支架的切角a
%主轭计算
yokecentertoplefta = 1500+(0.5*Lengthleg(j+1))+abs((Lengthyoke(j+1)
  -Lengthlegyoke(j+1))/(tan(atan(Lengthlegyoke(j+1)/(0.5*Lengthleg(j+1))))));
  %a部分
yokecentertopleftb = 1500;%b部分
yokecentertopleftc = abs(Lengthlegyoke(j+1)
  /(sin(atan(Lengthlegyoke(j+1)/(0.5*Lengthleg(j+1))))))
  +abs((Lengthyoke (j+1)-Lengthlegyoke(j+1))
  /(sin(atan(Lengthlegyoke(j+1)/(0.5*Lengthleg (j+1))))));%c部分
yokecentertopleftd = sqrt(Lengthlegyoke(j+1)^2+(0.5*Lengthleg(j+1)^2));
  %d部分
yokecentertoplefte = sqrt((Lengthyoke(j+1)-Lengthlegyoke(j+1))^2
  +(0.5*Lengthleg(j+1))^2);%e部分
yokecentertopleftanglea = abs(asin((Lengthyoke(j+1)
  -Lengthlegyoke(j+1))/(sqrt(Lengthyoke(j+1)-Lengthlegyoke(j+1))^2
  +(0.5*Lengthleg(j+1))^2))*180/pi)+abs(atan(Lengthlegyoke(j+1)
  /(0.5*Lengthleg(j+1)))*180/pi);%a角
yokecentertopleftangleb = 90+abs(atan((0.5*Lengthleg(j+1))
  /(Lengthyoke(j+1)-Lengthlegyoke(j+1))))*180/pi;%b角
yokecentertopleftanglec = 90-abs(atan(Lengthlegyoke(j+1)
  /(0.5*Lengthleg(j+1)))*180/pi);%c角
yokecentertopleftangled = 90+abs(atan((0.5*Lengthleg(j+1))
  /Lengthlegyoke(j+1)))*180/pi;%d角
yokecentertopleftanglee = 90+abs(atan((0.5*Lengthleg(j+1))
  /Lengthlegyoke(j+1))*180/pi);%e角
yokecentera(j+1) = yokecentertoplefta;
yokecenterb(j+1) = yokecentertopleftb;
yokecenterc(j+1) = yokecentertopleftc;
yokecenterd(j+1) = yokecentertopleftd;
yokecentere(j+1) = yokecentertoplefte;
yokecenteranglea(j+1) = yokecentertopleftanglea;
yokecenterangleb(j+1) = yokecentertopleftangleb;
yokecenteranglec(j+1) = yokecentertopleftanglec;
yokecenterangled(j+1) = yokecentertopleftangled;
yokecenteranglee(j+1) = yokecentertopleftanglee;

end
```

```
%主支架
legcenteraandb;
legcentercdef;
legcenterangleb;
legcenteranglea;

%主轭
yokecentera;
yokecenterb;
yokecenterc;
yokecenterd;
yokecentere;
yokecenteranglea;
yokecenterangleb;
yokecenteranglec;
yokecenterangled;
yokecenteranglee;

%绘制轭横截面
figure('Name','Main Yoke Cross-section')
grid on
shx = 0.0;
shy = 0.0;
sum1 = 0.0;
sum2 = 0.0;
for i = 27:-1:1
u = zeros(27,1);
axis([0 550 -300 300]);
sum2 = sum2+Widthyoke(i);
line([u(i)+shx Lengthyoke(i)+shx],[u(i)+shy u(i)+shy],'Marker','.',
   'LineStyle','-')
line([u(i)+shx Lengthyoke(i)+shx],[Widthyoke(i)+sum1 Widthyoke(i)+sum1],
   'Marker','.','LineStyle','-')
line([Lengthyoke(i)+shx Lengthyoke(i)+shx],[sum1 sum2],'Marker','.',
   'LineStyle','-')
line([u(i)+shx u(i)+shx],[sum1 sum2],'Marker','.','LineStyle','-')
line([u(i)+shx Lengthyoke(i)+shx],[-u(i)-shy -u(i)-shy],'Marker','.',
   'LineStyle','-')
line([u(i)+shx Lengthyoke(i)+shx],[-Widthyoke(i)-sum1 -Widthyoke(i)-sum1],
   'Marker','.','LineStyle','-')
line([Lengthyoke(i)+shx Lengthyoke(i)+shx],[-sum1 -sum2],'Marker','.',
   'LineStyle','-')
line([u(i)+shx u(i)+shx],[-sum1 -sum2],'Marker','.','LineStyle','-')

if i = =1
return
else
shx = shx+(Lengthyoke(i)-Lengthyoke(i-1))/2;
end
shy = shy+Widthyoke(i);
sum1 = sum1+Widthyoke(i);
end
```

```
%绘制支架横截面
figure('Name','Main Leg Cross-section')
grid on
shx = 0.0;
shy = 0.0;
sum1 = 0.0;
sum2 = 0.0;
for i = 27:-1:1
u = zeros(27,1);
axis([0 950 -500 500]);
sum2 = sum2+Widthleg(i);
line([u(i)+shx Lengthleg(i)+shx],[u(i)+shy u(i)+shy],'Marker','.',
   'LineStyle','-')
line([u(i)+shx Lengthleg(i)+shx],[Widthleg(i)+sum1 Widthleg(i)+sum1],
   'Marker','.','LineStyle','-')
line([Lengthleg(i)+shx Lengthleg(i)+shx],[sum1 sum2],'Marker','.',
   'LineStyle','-')
line([u(i)+shx u(i)+shx],[sum1 sum2],'Marker','.','LineStyle','-')
line([u(i)+shx Lengthleg(i)+shx],[-u(i)-shy -u(i)-shy],'Marker','.',
   'LineStyle','-')
line([u(i)+shx Lengthleg(i)+shx],[-Widthleg(i)-sum1 -Widthleg(i)-sum1],
   'Marker','.','LineStyle','-')
line([Lengthleg(i)+shx Lengthleg(i)+shx],[-sum1 -sum2],'Marker','.',
   'LineStyle','-')
line([u(i)+shx u(i)+shx],[-sum1 -sum2],'Marker','.','LineStyle','-')

if i = =1
return
else
shx = shx+(Lengthleg(i)-Lengthleg(i-1))/2;
end
shy = shy+Widthleg(i);
sum1 = sum1+Widthleg(i);
end

%计算每个部分的叠片数。端部支架的端部轭的叠片厚度为0.23mm，轭的叠片厚度为0.27mm，
 铁心柱的叠片厚度为0.35mm

numoflamiyoke = round(Widthyoke/0.285);
numoflamileg = round(Widthleg/0.5);
numoflamilegyoke = round(Widthlegyoke/0.215);

%写结果
xlswrite('results970.xlsx',Lengthyoke','Main Yoke','A3')
xlswrite('results970.xlsx',Widthyoke','Main Yoke','B3')
xlswrite('results970.xlsx',numoflamiyoke','Main Yoke','C3')
xlswrite('results970.xlsx',yokecentera','Main Yoke','D3')
xlswrite('results970.xlsx',yokecenterb','Main Yoke','E3')
xlswrite('results970.xlsx',yokecenterc','Main Yoke','F3')
xlswrite('results970.xlsx',yokecenterd','Main Yoke','G3')
xlswrite('results970.xlsx',yokecentere','Main Yoke','H3')
xlswrite('results970.xlsx',yokecenteranglea','Main Yoke','I3')
xlswrite('results970.xlsx',yokecenterangleb','Main Yoke','J3')
xlswrite('results970.xlsx',yokecenteranglec','Main Yoke','K3')
xlswrite('results970.xlsx',yokecenterangled','Main Yoke','L3')
xlswrite('results970.xlsx',yokecenteranglee','Main Yoke','M3')
```

```
xlswrite('results970.xlsx',Lengthleg','Main Leg','A3')
xlswrite('results970.xlsx',Widthleg','Main Leg','B3')
xlswrite('results970.xlsx',numoflamileg','Main Leg','C3')
xlswrite('results970.xlsx',legcenteraandb','Main Leg','D3')
xlswrite('results970.xlsx',legcenteraandb','Main Leg','E3')
xlswrite('results970.xlsx',legcentercdef','Main Leg','F3')
xlswrite('results970.xlsx',legcentercdef','Main Leg','G3')
xlswrite('results970.xlsx',legcentercdef','Main Leg','H3')
xlswrite('results970.xlsx',legcentercdef','Main Leg','I3')
xlswrite('results970.xlsx',legcenteranglea','Main Leg','J3')
xlswrite('results970.xlsx',legcenterangleb','Main Leg','K3')

xlswrite('results970.xlsx',Lengthlegyoke','End Yoke','A3')
xlswrite('results970.xlsx',Widthlegyoke','End Yoke','B3')
xlswrite('results970.xlsx',numoflamilegyoke','End Yoke','C3')
xlswrite('results970.xlsx',yokesa','End Yoke','D3')
xlswrite('results970.xlsx',yokesb','End Yoke','E3')
xlswrite('results970.xlsx',yokesc','End Yoke','F3')
xlswrite('results970.xlsx',yokesd','End Yoke','G3')
xlswrite('results970.xlsx',yokesanglea','End Yoke','H3')
xlswrite('results970.xlsx',yokesangleb','End Yoke','I3')
xlswrite('results970.xlsx',yokesanglec','End Yoke','J3')
xlswrite('results970.xlsx',yokesangled','End Yoke','K3')

xlswrite('results970.xlsx',Lengthlegyoke','End Leg','A3')
xlswrite('results970.xlsx',Widthlegyoke','End Leg','B3')
xlswrite('results970.xlsx',numoflamilegyoke','End Leg','C3')
xlswrite('results970.xlsx',legsa','End Leg','D3')
xlswrite('results970.xlsx',legsb','End Leg','E3')
xlswrite('results970.xlsx',legsc','End Leg','F3')
xlswrite('results970.xlsx',legsd','End Leg','G3')
xlswrite('results970.xlsx',legsanglea','End Leg','H3')
xlswrite('results970.xlsx',legsangleb','End Leg','I3')
xlswrite('results970.xlsx',legsanglec','End Leg','J3')
xlswrite('results970.xlsx',legsangled','End Leg','K3')

%铁心部分绘图
for i = 27:-1:1
u = zeros(27,1);
axis([-100 9000 -200 3200]);

%左端底部轭
line([u(i) yokesa(i)],[u(i) u(i)],'Marker','.','LineStyle','-')
line([u(i)+Lengthlegyoke(i) yokesb(i)+Lengthlegyoke(i)],[Lengthlegyoke(i)
   Lengthlegyoke(i)],'Marker','.','LineStyle','-')
line([u(i) Lengthlegyoke(i)],[u(i) Lengthlegyoke(i)],'Marker','.',
   'LineStyle','-')
line([yokesa(i) yokesb(i)+Lengthlegyoke(i)],[u(i) Lengthlegyoke(i)],
   'Marker','.','LineStyle','-')

%左端支架
line([u(i) u(i)],[u(i) legsa(i)],'Marker','.','LineStyle','-')
line([Lengthlegyoke(i) Lengthlegyoke(i)],[u(i)+Lengthlegyoke(i) legsb(i)
   +Lengthlegyoke(i)],'Marker','.','LineStyle','-')
```

```
line([u(i) Lengthlegyoke(i)],[u(i) Lengthlegyoke(i)],'Marker','.',
   'LineStyle','-')
line([u(i) Lengthlegyoke(i)],[legsa(i) legsb(i)+Lengthlegyoke(i)],
   'Marker','.','LineStyle','-')

%左端上部轭
line([u(i) yokesa(i)],[u(i)+legsa(i) u(i)+legsa(i)],'Marker','.',
   'LineStyle','-')
line([u(i)+Lengthlegyoke(i) yokesb(i)+Lengthlegyoke(i)],
   [legsa(i)-Lengthlegyoke(i) legsa(i)-Lengthlegyoke(i)],'Marker','.',
   'LineStyle','-')
line([u(i) Lengthlegyoke(i)],[legsa(i) legsb(i)+Lengthlegyoke(i)],
   'Marker','.','LineStyle','-')
line([yokesa(i) yokesb(i)+Lengthlegyoke(i)],[u(i)+legsa(i) Lengthlegyoke(i)
   +legsb(i)],'Marker','.','LineStyle','-')

%左中心支架
line([yokesa(i) Lengthlegyoke(i)+yokesb(i)],[u(i) Lengthlegyoke(i)],
   'Marker','.','LineStyle','-')
line([Lengthlegyoke(i)+yokesb(i) Lengthlegyoke(i)+yokesb(i)],
   [Lengthlegyoke(i) Lengthlegyoke(i)+legsb(i)],'Marker','.',
   'LineStyle','-')
line([Lengthlegyoke(i)+yokesb(i) yokesa(i)],[Lengthlegyoke(i)+legsb(i)
   legsa(i)],'Marker','.','LineStyle','-')
line([yokesa(i) yokesa(i)+0.5*Lengthleg(i)],[legsa(i) Lengthlegyoke(i)
   +legsb(i)],'Marker','.','LineStyle','-')
line([yokesa(i)+0.5*Lengthleg(i) yokesa(i)+0.5*Lengthleg(i)],
   [Lengthlegyoke(i)+legsb(i) Lengthlegyoke(i)],'Marker','.',
   'LineStyle','-')
line([yokesa(i)+0.5*Lengthleg(i) yokesa(i)],[Lengthlegyoke(i) u(i)],
   'Marker','.','LineStyle','-')

%左下中心轭
line([yokesa(i)+0.5*Lengthleg(i) yokesa(i)],[Lengthlegyoke(i) u(i)],
   'Marker','.','LineStyle','-')
line([yokesa(i) yokesa(i)+0.5*Lengthleg(i)],[u(i) Lengthlegyoke(i)
   -Lengthyoke(i)],'Marker','.','LineStyle','-')
line([yokesa(i)+0.5*Lengthleg(i) yokesa(i)+0.5*Lengthleg(i)
   +yokecentera(i)],[Lengthlegyoke(i)-Lengthyoke(i)
   Lengthlegyoke(i)-Lengthyoke(i)],'Marker','.','LineStyle','-')
line([yokesa(i)+0.5*Lengthleg(i)+yokecentera(i) yokesa(i)
   +0.5*Lengthleg(i)+yokecenterb(i)],[Lengthlegyoke(i)-Lengthyoke(i)
   Lengthlegyoke(i)],'Marker','.','LineStyle','-')
line([yokesa(i)+0.5*Lengthleg(i)+yokecenterb(i) yokesa(i)
   +0.5*Lengthleg(i)],[Lengthlegyoke(i) Lengthlegyoke(i)],'Marker','.',
   'LineStyle','-')

%左上中心轭
line([yokesa(i) yokesa(i)+0.5*Lengthleg(i)],[legsa(i) Lengthlegyoke(i)
   +legsb(i)],'Marker','.','LineStyle','-')
line([yokesa(i)+0.5*Lengthleg(i) yokesa(i)+0.5*Lengthleg(i)
   +yokecenterb(i)],[Lengthlegyoke(i)+legsb(i) Lengthlegyoke(i)
   +legsb(i)], 'Marker','.','LineStyle','-')
line([yokesa(i)+0.5*Lengthleg(i)+yokecenterb(i) yokesa(i)
   +0.5*Lengthleg(i)+yokecentera(i)],[Lengthlegyoke(i)+legsb(i)
```

```
   legsa(i)+Lengthyoke(i)-Lengthlegyoke(i)],'Marker','.','LineStyle',
   '-')
line([yokesa(i)+0.5*Lengthleg(i)+yokecentera(i) yokesa(i)
   +0.5*Lengthleg(i)],[legsa(i)+Lengthyoke(i)-Lengthlegyoke(i)
   Lengthlegyoke(i)+legsb(i)+Lengthyoke(i)],'Marker','.','LineStyle','-')
line([yokesa(i)+0.5*Lengthleg(i) yokesa(i)],[Lengthlegyoke(i)+legsb(i)
   +Lengthyoke(i) legsa(i)],'Marker','.','LineStyle','-')

%中心支架
line([yokesa(i)+0.5*Lengthleg(i)+yokecenterb(i)+0.5*Lengthleg(i) yokesa(i)
   +0.5*Lengthleg(i)+yokecenterb(i)],[2*Lengthlegyoke(i)+legsb(i)
   Lengthlegyoke(i)+legsb(i)],'Marker','.','LineStyle','-')
line([yokesa(i)+0.5*Lengthleg(i)+yokecenterb(i) yokesa(i)
   +0.5*Lengthleg(i)+yokecenterb(i)],[Lengthlegyoke(i)+legsb(i)
   Lengthlegyoke(i)],'Marker','.','LineStyle','-')
line([yokesa(i)+0.5*Lengthleg(i)+yokecenterb(i) yokesa(i)
   +0.5*Lengthleg(i)+yokecenterb(i)+0.5*Lengthleg(i)],[Lengthlegyoke(i)
   u(i)],'Marker','.','LineStyle','-')
line([yokesa(i)+0.5*Lengthleg(i)+yokecenterb(i)+0.5*Lengthleg(i)
   yokesa(i)+0.5*Lengthleg(i)+yokecenterb(i)+Lengthleg(i)],
   [u(i) Lengthlegyoke(i)],'Marker','.','LineStyle','-')
line([yokesa(i)+0.5*Lengthleg(i)+yokecenterb(i)+Lengthleg(i) yokesa(i)
   +0.5*Lengthleg(i)+yokecenterb(i)+Lengthleg(i)],[Lengthlegyoke(i)
   Lengthlegyoke(i)+legsb(i)],'Marker','.','LineStyle','-')
line([yokesa(i)+0.5*Lengthleg(i)+yokecenterb(i)+Lengthleg(i) yokesa(i)
   +0.5*Lengthleg(i)+yokecenterb(i)+0.5*Lengthleg(i)],[Lengthlegyoke(i)
   +legsb(i) 2*Lengthlegyoke(i)+legsb(i)],'Marker','.','LineStyle','-')

%右下中心轭
pos1 = yokesa(i);
pos2 = Lengthlegyoke(i)+yokesb(i)+Lengthleg(i)+yokecenterb(i)
   +0.5*Lengthleg(i)+yokecenterb(i)+Lengthleg(i);
line(-[yokesa(i)+0.5*Lengthleg(i)-pos1-pos2 yokesa(i)-pos1-pos2],
   [Lengthlegyoke(i) u(i)],'Marker','.','LineStyle','-')
line(-[yokesa(i)-pos1-pos2 yokesa(i)+0.5*Lengthleg(i)-pos1-pos2],
   [u(i) Lengthlegyoke(i)-Lengthyoke(i)],'Marker','.','LineStyle','-')
line(-[yokesa(i)+0.5*Lengthleg(i)-pos1-pos2 yokesa(i)+0.5*Lengthleg(i)
   +yokecentera(i)-pos1-pos2],[Lengthlegyoke(i)-Lengthyoke(i)
   Lengthlegyoke(i)-Lengthyoke(i)],'Marker','.','LineStyle','-')
line(-[yokesa(i)+0.5*Lengthleg(i)+yokecentera(i)-pos1-pos2 yokesa(i)
   +0.5*Lengthleg(i)+yokecenterb(i)-pos1-pos2],[Lengthlegyoke(i)
   -Lengthyoke(i) Lengthlegyoke(i)],'Marker','.','LineStyle','-')
line(-[yokesa(i)+0.5*Lengthleg(i)+yokecenterb(i)-pos1-pos2 yokesa(i)
   +0.5*Lengthleg(i)-pos1-pos2],[Lengthlegyoke(i) Lengthlegyoke(i)],
   'Marker','.','LineStyle','-')

%右上中心轭
line(-[yokesa(i)-pos1-pos2 yokesa(i)+0.5*Lengthleg(i)-pos1-pos2],
   [legsa(i) Lengthlegyoke(i)+legsb(i)],'Marker','.','LineStyle','-')
line(-[yokesa(i)+0.5*Lengthleg(i)-pos1-pos2 yokesa(i)+0.5*Lengthleg(i)
   +yokecenterb(i)-pos1-pos2],[Lengthlegyoke(i)+legsb(i) Lengthlegyoke(i)
   +legsb(i)],'Marker','.','LineStyle','-')
line(-[yokesa(i)+0.5*Lengthleg(i)+yokecenterb(i)-pos1-pos2 yokesa(i)
   +0.5*Lengthleg(i)+yokecentera(i)-pos1-pos2],[Lengthlegyoke(i)
```

```
   +legsb(i) legsa(i)+Lengthyoke(i)-Lengthlegyoke(i)],'Marker','.',
   'LineStyle','-')
line(-[yokesa(i)+0.5*Lengthleg(i)+yokecentera(i)-pos1-pos2 yokesa(i)
   +0.5*Lengthleg(i)-pos1-pos2],[legsa(i)+Lengthyoke(i)
   -Lengthlegyoke(i) Lengthlegyoke(i)+legsb(i)+Lengthyoke(i)],'Marker',
   '.','LineStyle','-')
line(-[yokesa(i)+0.5*Lengthleg(i)-pos1-pos2 yokesa(i)-pos1-pos2],
   [Lengthlegyoke(i)+legsb(i)+Lengthyoke(i) legsa(i)],'Marker','.',
   'LineStyle','-')

%右中心支架
pos3 = Lengthleg(i)+yokecenterb(i)+Lengthleg(i)+yokecenterb(i);
line([yokesa(i)+pos3 Lengthlegyoke(i)+yokesb(i)+pos3],
   [u(i) Lengthlegyoke(i)],'Marker','.','LineStyle','-')
line([Lengthlegyoke(i)+yokesb(i)+pos3 Lengthlegyoke(i)+yokesb(i)+pos3],
   [Lengthlegyoke(i) Lengthlegyoke(i)+legsb(i)],'Marker','.',
   'LineStyle','-')
line([Lengthlegyoke(i)+yokesb(i)+pos3 yokesa(i)+pos3],[Lengthlegyoke(i)
   +legsb(i) legsa(i)],'Marker','.','LineStyle','-')
line([yokesa(i)+pos3 yokesa(i)+0.5*Lengthleg(i)+pos3],
   [legsa(i) Lengthlegyoke(i)+legsb(i)],'Marker','.','LineStyle','-')
line([yokesa(i)+0.5*Lengthleg(i)+pos3 yokesa(i)+0.5*Lengthleg(i)+pos3],
   [Lengthlegyoke(i)+legsb(i) Lengthlegyoke(i)],'Marker','.',
   'LineStyle','-')
line([yokesa(i)+0.5*Lengthleg(i)+pos3 yokesa(i)+pos3],[Lengthlegyoke(i)
   u(i)],'Marker','.','LineStyle','-')

%右端上部轭
pos4 = Lengthleg(i)+yokecenterb(i)+Lengthleg(i)+yokecenterb(i)+yokesa(i)
   +yokesa(i);
line(-[u(i)-pos4 yokesa(i)-pos4],[u(i)+legsa(i) u(i)+legsa(i)],
   'Marker','.','LineStyle','-')
line(-[u(i)+Lengthlegyoke(i)-pos4 yokesb(i)+Lengthlegyoke(i)-pos4],
   [legsa(i)-Lengthlegyoke(i) legsa(i)-Lengthlegyoke(i)],'Marker','.',
   'LineStyle','-')
line(-[u(i)-pos4 Lengthlegyoke(i)-pos4],[legsa(i) legsb(i)
   +Lengthlegyoke(i)],'Marker','.','LineStyle','-')
line(-[yokesa(i)-pos4 yokesb(i)+Lengthlegyoke(i)-pos4],[u(i)+legsa(i)
   Lengthlegyoke(i)+legsb(i)],'Marker','.','LineStyle','-')

%右端下部轭
line(-[u(i)-pos4 yokesa(i)-pos4],[u(i) u(i)],'Marker','.','LineStyle',
   '-')
line(-[u(i)+Lengthlegyoke(i)-pos4 yokesb(i)+Lengthlegyoke(i)-pos4],
   [Lengthlegyoke(i) Lengthlegyoke(i)],'Marker','.','LineStyle','-')
line(-[u(i)-pos4 Lengthlegyoke(i)-pos4],[u(i) Lengthlegyoke(i)],
   'Marker','.','LineStyle','-')
line(-[yokesa(i)-pos4 yokesb(i)+Lengthlegyoke(i)-pos4],
   [u(i) Lengthlegyoke(i)],'Marker','.','LineStyle','-')

%右端支架
pos5 = Lengthleg(i)+yokecenterb(i)+Lengthleg(i)+yokecenterb(i)+yokesa(i)
   +yokesa(i);
line(-[u(i)-pos5 u(i)-pos5],[u(i) legsa(i)],'Marker','.','LineStyle',
   '-')
```

```
line(-[Lengthlegyoke(i)-pos5 Lengthlegyoke(i)-pos5],
   [u(i)+Lengthlegyoke(i) legsb(i)+Lengthlegyoke(i)],'Marker','.',
   'LineStyle','-')
line(-[u(i)-pos5 Lengthlegyoke(i)-pos5],[u(i) Lengthlegyoke(i)],
   'Marker','.','LineStyle','-')
line(-[u(i)-pos5 Lengthlegyoke(i)-pos5],[legsa(i) legsb(i)
   +Lengthlegyoke(i)],'Marker','.','LineStyle','-')

grid on
if i = =1
return
else
figure
end
end
```

推荐书目

1. Stevens, J., Bonn, R., Ginn, J., Gonzalez, S., Kern, G., Development and Testing of an Approach to Anti-Islanding in Utility-interconnected Photovoltaic Systems, SAND-2000-1939, Sandia National Laboratories, Albuquerque, NM, August 2000.
2. Ropp, M., Begovic, M., Rohatgi, A., Prevention of Islanding in Grid-Connected Photovoltaic Systems, *Progress in Photovoltaics Research and Applications,* 7(1), January–February 1999.
3. Bonn, R., Kern, G., Ginn, J., Gonzalez, S., *Standardized Anti-Islanding Test Plan,* Sandia National Laboratories Web page, www.sandia.gov/PV, 1998.
4. He, W., Markvart, T., Arnold, R., Islanding of Grid-Connected PV Generators: Experimental Results, Proceedings of 2nd World Conference and Exhibition on PV Solar Energy on July 6–10, Vienna, Austria, July 1998.
5. Begovic, M., Ropp, M., Rohatgi, A., Pregelj, A., Determining the Sufficiency of Standard Protective Relaying for Islanding Prevention in Grid-Connected PV Systems, *Proceedings of the Second World Conference and Exhibition on PV Energy Systems*, Hofburg Congress Center, Vienna, Austria, July 6–10, 1998.
6. Utility Aspects of Grid Interconnected PV Systems, IEA-PVPS Report, IEAPVPS T5-01: 1998, December 1998.
7. Kobayashi, H., Takigawa, K., Islanding Prevention Method for Grid Interconnection of Multiple PV Systems, *Proceedings of the Second World Conference and Exhibition on Photovoltaic Solar Energy Conversion,* Hofburg Congress Center, Vienna, Austria, July 6–10, 1998.
8. Gonzalez, S., Removing Barriers to Utility-Interconnected Photovoltaic Inverters, *Proceedings of the 28th IEEE PV Specialists Conference*, Anchorage, AK, September 2000.
9. Van Reusel, H., et al., Adaptation of the Belgian Regulation to the Specific Island Behaviour of PV Grid-Connected Inverters, *Proceedings of the 14th European Photovoltaic Solar Energy Conference and Exhibition,* Barcelona, Spain, pp. 2204–2206, 1997.
10. Häberlin, H., Graf, J., Islanding of Grid-Connected PV Inverters: Test Circuits and Some Test Results, *Proceedings of the Second World Conference and Exhibition on Photovoltaic Solar Energy Conversion*, Vienna, Austria, pp. 2020–2023, 1998.
11. Ropp, M., Begovic, M., Rohatgi, A., Analysis and Performance Assessment of the Active Frequency Drift Method of Islanding Prevention, *IEEE Transactions on Energy Conversion,* 14(3), 810–816, 1999.
12. Ambo, T., Islanding Prevention by Slip Mode Frequency Shift, *Proceedings of the IEA PVPS Workshop on Grid-interconnection of Photovoltaic Systems,* September 1997.
13. Kitamura, A., Islanding Prevention Measures for PV Systems, *Proceedings of the IEA PVPS Workshop on Grid-Interconnection of Photovoltaic Systems,* September 1997.
14. Nanahara, T., Islanding Detection—Japanese Practice, *Proceedings of the IEA PVPS Workshop on Grid-Interconnection of Photovoltaic Systems,* September 1997.
15. Häberlin, H., Graf, J., Beutler, C. Islanding of Grid-Connected PV Inverters: Test Circuits and Test Results, *Proceedings of the IEA PVPS Workshop on Grid-Interconnection of Photovoltaic Systems,* September 1997.

16. Bonn, R., Ginn, J., Gonzalez, S., Standardized Anti-Islanding Test Plan, Sandia National Laboratories, January 26, 1999.
17. Yuyuma, S., et al., A High-Speed Frequency Shift Method as a Protection for Islanding Phenomena of Utility Interactive PV Systems, *Solar Energy Materials and Solar Cells (1994)*, 35, 477–486.
18. Kitamura, A., Okamoto, M., Yamamoto, F., Nakaji, K., Matsuda, J., Hotta, K., Islanding Phenomenon Elimination Study at Rokko Test Center, *Proceedings of the First IEEE World Conference on Photovoltaic Energy Conversion (1994)*, Part 1, pp. 759–762.
19. Kobayashi, H., Takigawa, K., Islanding Prevention Method for Grid Interconnection of Multiple PV Systems, *Proceedings of the Second World Conference and Exhibition on Photovoltaic Solar Energy Conversion*, Hofburg Congress Center, Vienna, Austria, July 6–10, 1998.

附录 B　标准、代码、用户指南和其他指南

S1. ANSI/NFPA 70, *The National Electrical Code*, 2002, National Fire Protection Association, Batterymarch Park, Quincy, MA, September 2001.

S2. UL1741, *UL Standard for Safety for Static Converters and Charge Controllers for Use in Photovoltaic Power Systems,* Underwriters Laboratories, First Edition, May 7, 1999, Revised January 2001.

S3. IEEE Standard 929-2000, *IEEE Recommended Practice for Utility Interface of Photovoltaic (PV) Systems*, Sponsored by IEEE Standards Coordinating Committee 21 on Photovoltaics, IEEE, New York, April 2000.

S4. DIN VDE 0126:1999, Automatic Disconnection Facility for Photovoltaic Installations with a Nominal Output <4.6 kVA and a Single-Phase Parallel Feed by Means of an Inverter into the Public Grid (*German National Standard for Utility Interconnection of Photovoltaic Systems*).

S5. *Small Grid-Connected Photovoltaic Systems*, KEMA Standard K150, 2002.

S6. *Guidelines for the Electrical Installation of Grid-Connected Photovoltaic (PV) Systems,* Dutch guidelines to comply with NEN1010 (safety provisions for low voltage installations), EnergieNed, and NOVEM, December 1998.

S7. *Supplementary Conditions for Decentralized Generators—Low Voltage Level,* Dutch Guidelines to comply with NEN1010 (safety provisions for low voltage installations), EnergieNed and NOVEM, April 1997.

S8. JIS C 8962:1997, *Testing Procedure of Power Conditioners for Small Photovoltaic Power Generating Systems,* Japanese Industrial Standard, 1997.EN61277, *Terrestrial Photovoltaic (PV) Power Generating Systems—General and Guide.*

S9. ÖNORM/ÖVE 2750, *Austrian Guideline for Safety Requirements of Photovoltaic Power Generation Systems.*

S10. AS3000, *Australian Guidelines for the Grid Connection of Energy Systems via Inverters.*

S11. AS4777, *Grid Connection of Energy Systems via Inverters,* Proposed joint Australia/New Zealand Consensus Standard, May 2005.

S12. DIN VDE 0100 Teil 712 *Photovoltaische Systeme, Amendment to Germany's Basic Electrical Safety Code.*

S13. G77, *UK Standard for Interconnection of PV and Other Distributed Energy,* Generation, Standard under development, expected completion, January 2002.

S14. CSA F381, *Canadian Standard for Power Conditioning Systems.*

S15. ASTM Standard E 1328, *Standard Terminology Relating to Photovoltaic Solar Energy Conversion.*

S16. EN61277, *Terrestrial Photovoltaic (PV) Power Generating Systems—General and Guide.*

S17. IEEE/ANSI Standard C37.1-1994, *IEEE Standard Definition, Specification, and Analysis of Systems Used for Supervisory Control, Data Acquisition, and Automatic Control.*

S18. IEEE Standard 519-1992, *IEEE Recommended Practices and Requirements for Harmonic Control in Electric Power Systems (ANSI),* IEEE, New York.

S19. ESTI No. 233.0690: Photovoltaische Energieerzeugungsanlagen—Provisorische Sicherheitsvorschriften (Photovoltaic Power Generating Systems—Safety Requirements), Adopted by Switzerland, 1990 draft.

S20. VSE Sonderdruck Abschnitt 12, *Werkvorschriften über die Erstellung von elektr. Installation* Elektrische Energieerzeugungsanlagen, Completes the VSE2.8d-95, Adopted by Switzerland, 1997.

S21. International Standard IEC 62116 DRAFT, *Testing Procedure of Islanding Prevention Measures for Grid Connected Photovoltaic Power Generation Systems,* International Electrotechnical Commission.

S22. IEC 61836: 1997, *Solar Photovoltaic Energy Systems—Terms and Symbols.*

S23. Considerations for Power Transformers Applied in Distributed Photovoltaic (DPV)—Grid Application, DPV-Grid Transformer Task Force Members, Power Transformers Subcommittee, IEEE-TC, Hemchandra M. Shertukde, Chair, Mathieu Sauzay, Vice Chair, Aleksandr Levin, Secretary, Enrique Betancourt, C. J. Kalra, Sanjib K. Som, Jane Verner, Subhash Tuli, Kiran Vedante, Steve Schroeder, Bill Chu, white paper in preparation for final presentation at the IEEE-TC conference in San Diego, CA, April 10–14, 2011.

S24. C57.91: IEEE Guide for Loading Mineral-Oil-Immersed Transformers, 1995, Correction 1-2002.

S25. C57.18.10a: IEEE Standard Practices Requirements for Semiconductor Power Rectifier Transformers, 1998 (amended in 2008).

S26. C57.110: IEEE Recommended Practice for Establishing Liquid-Filled and Dry-Type Power and Distribution Transformer Capability When Supplying Non-Sinusoidal Load Current, 2008.

S27. C57.116: IEEE Guide for Transformers Directly Connected to Generators, 1989.

S28. C57.129: IEEE Standard for General Requirements and Test Code for Oil-Immersed HVDC Convertor Transformer, 1999 (2007–Approved).

S29. Standard 1547.4: Draft Guide for Design, Operation and Integration of Distributed Resource Island Systems with Electric Power System (only 1547.1 is there), 2005.

S30. UL 1741: A Safety Standard for Distributed Generation, 2004.

S31. Buckmaster, David, Hopkinson, Phil, Shertukde, Hemchandra, Transformers Used with Alternative Energy Sources—Wind and Solar, Technical presentation, April 11, 2011.

S32. Standard 519: Recommended Practices and Requirements for Harmonic Control in Electrical Power Systems, 1992.

Distributed Photovoltaic Grid Transformers/by Hemchandra Madhusudan Shertukde/ ISBN：978 - 1 - 4665 - 0581 - 0.

图书在版编目（CIP）数据

分布式光伏电网变压器：设计、制造及应用/（美）赫姆昌德拉·迈德苏丹著；陈文杰等译．—北京：机械工业出版社，2019. 10

（新能源开发与利用丛书）

书名原文：Distributed Photovoltaic Grid Transformers

ISBN 978-7-111-63632-8

Ⅰ．①分…　Ⅱ．①赫…②陈…　Ⅲ．①太阳能光伏发电 - 电力变压器 - 研究　Ⅳ．①TM615②TM41

中国版本图书馆 CIP 数据核字（2019）第 199995 号

机械工业出版社（北京市百万庄大街 22 号　邮政编码 100037）

策划编辑：刘星宁　责任编辑：刘星宁

责任校对：郑　婕　封面设计：马精明

责任印制：孙　炜

保定市中画美凯印刷有限公司印刷

2019 年 10 月第 1 版第 1 次印刷

169mm × 239mm · 13 印张 · 290 千字

标准书号：ISBN 978-7-111-63632-8

定价：89.00 元

电话服务	网络服务
客服电话：010 - 88361066	机　工　官　网：www. cmpbook. com
010 - 88379833	机　工　官　博：weibo. com/cmp1952
010 - 68326294	金　　书　　网：www. golden - book. com
封底无防伪标均为盗版	机工教育服务网：www. cmpedu. com